Klaus Bröking

Eine deutsche Geschichte

MS ASTOR
MS ASTORIA

HEEL

Impressum

HEEL Verlag GmbH
Gut Pottscheidt
53639 Königswinter
Tel.: 02223 9230-0
Fax: 02223 923026
E-Mail: info@heel-verlag.de
Internet: www.heel-verlag.de

Verantwortlich für den Inhalt: Klaus Bröking

Lektorat: Joachim Hack
Satz und Layout: Grafikbüro Schumacher, Königswinter
Lithografie: Muser Medien GmbH, Königswinter
Druck: Europrinting SPA, Casarile, Italien

Printed and bound in Italy

ISBN: 978-3-89880-795-1

Inhalt

Einleitung

Das Meer

Das Meer – das ist etwas Großartiges. Besonders für einen wie mich, der nicht in Sichtweite von Wellen geboren ist. In meinem Leben spielt das Meer trotzdem eine große Rolle. Schon als kleiner Junge war das so. Ich war damals eine schmächtige und kraftlose Landratte. Deshalb riet unser von den Jahren gebeugter Hausarzt meinen Eltern: „Fahren sie mit dem Kind mal ans Meer." Seitdem kämpfe ich erfolglos gegen Übergewicht. Mein Vater schwamm mit mir raus aufs Meer. Ich klammerte mich an seinen starken Schultern fest. Nie werde ich den Augenblick vergessen, als er ganz behutsam abtauchte, ich ihn loslassen musste, um nicht unter zu gehen und mich zum ersten Mal aus eigener Kraft über Wasser halten konnte.

Wir fuhren oft ans Meer. Zum Beispiel an die Adria nach Italien. Ich weiß nicht wie es heute ist. Aber damals bekamen die Neuankömmlinge einen Liegestuhl ganz hinten am Strand. Im Laufe der Urlaubstage ließ der Vermieter seine Gäste dann Reihe für Reihe nach vorne rücken. Und nach einer Woche konnte man es dann vielleicht bequem vom Liegestuhl aus der ersten Reihe sehen – das Meer. Seit diesen Tagen habe ich ein schrulliges Hobby. Ich stelle mich gerne da hin, wo die Wellen das Land berühren und beobachte, wie erst die Zehen und dann meine Füße langsam im Sand versinken, durch die Kraft des Meeres.

Meine erste Seereise verlief eher unspektakulär. Wir waren jung, wir hatten wenig Geld, wir waren in Spanien und wollten zum ersten Mal in unserem Leben Europa verlassen. Das Abenteuer Afrika lockte. Der fremde Kontinent, den wir von der Costa del Sol aus als schwache Silhouette zu erkennen glaubten. Das Schiff hörte auf den schönen Namen Ibn Batouta und erwies sich eher als eine Fähre und nicht, wie im Prospekt versprochen, als ein Kreuzfahrer. Tanger lautete unser Ziel.

Am meisten hat mich aber Gibraltar fasziniert, obwohl ich die britische Enklave im Mittelmeer gar nicht gesehen habe. Der berühmte Felsen versteckte sich, wie so häufig, im dichten Nebel. In den Bann gezogen haben mich meine Mitreisenden, die an der Reling standen und ein Foto nach dem anderen von etwas schossen, von dem sie nur durch eine Lautsprecher-Durchsage wussten, dass es da sein musste. Glauben Sie mir, ich habe auch einmal auf den Auslöser gedrückt. Nur um später ganz sicher zu sein, dass nichts, aber auch wirklich gar nichts zu sehen war. Das Foto besitze ich heute noch. Bei dieser persönlichen Jungfernfahrt entdeckten meine Frau und ich auch einen gewissen Unterschied zwischen uns beiden. Sie wurde seekrank – ich nicht. Während die große Liebe meines Lebens gegen ihre Übelkeit ankämpfte, gab ich den gleichfalls betroffenen Passagieren Tipps, welche der wenigen Toiletten auf dem Schiff zufällig mal frei waren.

Durch diesen gewissen Unterschied schien unsere Karriere als Seefahrer zu Ende zu gehen, noch bevor sie richtig begonnen hatte. Jahrzehnte später überredete uns ein Freund, noch einmal das sichere Land zu verlassen und schwankende Planken zu betreten. Er schwärmte von modernen Kreuzfahrtschiffen mit neuen Stabilisatoren, die die Seereise zu einem angenehmen, wenig schaukelnden Erlebnis machten. Wochen später saß ich mit unserem Freund an der Bar der Columbus Caravelle. Wir überquerten von Grönland aus die Labrador-See, und die Wellen schlugen über unserem doch eher kleinen Schiff zusammen: Seegang 11! Windstärke 12! Außer uns beiden konnte nur noch der Kapitän ohne fremde Hilfe aufrecht gehen. Der Mann auf der Kommandobrücke hatte wegen des Ernstes der Lage längst die schmucke Uniform gegen abgetragene Jeans getauscht. Als ich ihn dann in einem ruhigen Augenblick fragte, warum der Herr über das Schiff nicht einfach seine modernen Stabilisatoren ausfahre, schaute er mich an. Er schaute mich an wie ein Wesen von einem anderen Stern: „Bei diesem Wetter? Die würden sofort abbrechen!" Passagiere müssen eine Menge lernen.

Bei dem einen oder anderen Wodka überlegten der Freund und ich, wie wir meine Frau in der Kabine von Selbstmordgedanken abhalten konnten. Aber in diesen unruhigen Tagen wurde aus ihr eine richtige Heldin der Seefahrt und eine Expertin in der Bekämpfung der Seekrankheit. Die Dame meines Herzens kann die Druckpunkte so genannter „Seabands" genau so gut erklären wie die Vorzüge von Zäpfchen gegenüber Tabletten, die nämlich im Ernstfall den Körper genau so schnell verlassen wie das vor dem Sturm genossene Gala-Dinner.

Mit anderen Worten: Wir waren der Faszination der Seereise erlegen. Innerhalb weniger Tage im ewigen Eis Grönlands zu stehen, die moosbedeckte Landschaft des äußersten Nordens von Kanada zu bewundern, die schroffe Landschaft Neufundlands zu erleben, an der steinigen Küste von Neuengland zu stehen und schließlich die pulsierende Millionenmetropole Boston zu erreichen, das kann man eben nur mit einem Schiff. Aber vielleicht waren es auch nur die wenigen ruhigen Momente der Reise, als wir am Bug standen, der Wind uns ins Gesicht blies und wir auf das Meer schauten, die uns mit dem Kreuzfahrt-Virus infiziert haben.

Seit der denkwürdigen Überfahrt sind wir noch oft an Bord gegangen. Es war immer wie der erste Schritt in ein Abenteuer. Was würde uns erwarten? Wer würde uns erwarten? Was würden wir erleben? Wen würden wir sehen? – Wir sind mit Giganten wie der Voyager of the Seas gefahren, einem Schiff mit sage und schreibe 1557 Passagierkabinen. Es waren auch klassische Ozeanriesen wie die MS Norway darunter. Selbst mit Micky

Maus am Ruder der Disney Wonder haben wir uns auf große Fahrt gewagt. Es gab aber keinen Kreuzfahrer darunter, der mich nur annähernd so faszinieren konnte wie MS Astor und MS Astoria, die beiden Schwestern auf den sieben Weltmeeren.

Sie fragen mich warum? Diese beiden Kreuzfahrtschiffe sind deutsche Geschichte. Sie sind die schwimmenden Symbole dafür, wie schnell sich die Welt in den vergangenen Jahren verändert hat. Sie haben eine Rolle in dieser Geschichte gespielt und für immer ihren Platz darin gefunden.

Die Schiffe

Hoffnung war der Grund dafür, dass die MS Astor Ende der 70er Jahre überhaupt bei der Werft HDW Howaldtswerke – Deutsche Werft in Hamburg in Auftrag gegeben wurde. Die Hansestadt verband damit die Vorstellung, die Arbeitsplätze in der Werftenindustrie zu erhalten. „Die schöne Hamburgerin" wurde als ein Vorzeige-Schiff geplant, das die Leistungsfähigkeit der deutschen Seefahrt in aller Welt dokumentieren sollte. Die Hoffnung erfüllte sich nicht. Nie wieder wurde ein Kreuzfahrer dieser Größenordnung in Hamburg gebaut. Die Astor hat auch als erstes deutsches „Traumschiff" in der gleichnamigen Fernsehserie TV-Geschichte geschrieben. Sie würde vielleicht heute noch die Hauptrolle der ZDF-Reihe spielen, wenn der Dampfer nicht schnell für seinen Reeder – die kommunale Hamburger Gesellschaft HADAG – zum Alptraum geworden wäre. Millionenschwere Verluste zwangen zum Verkauf nach Südafrika. Zuerst waren es nur Gerüchte, dass es dem damaligen Apartheid-Regime gar nicht um den Besitz eines modernen Kreuzfahrtschiffes ging. Vielmehr wollten die Verantwortlichen am Kap den Deutschen aus einer Zwangslage helfen, um im Gegenzug trotz Waffenembargos Pläne für moderne deutsche U-Boote zu bekommen. Die Astor stand im Mittelpunkt der so genannten U-Boot-Affäre in den 80er Jahren. Führende Politiker wie etwa Franz-Josef Strauß wurden damals mit der Astor und etwaigen krummen Geschäften in Verbindung gebracht.

Die Südafrikaner gaben ein Schwesterschiff der MS Astor bei HDW in Kiel in Auftrag. Dieses 1986 getaufte Schiff kreuzt heute unter dem Namen Astor über die Meere. Wieder ging es um Arbeitsplätze. Der Bau von U-Booten für Südafrika, wie sie vor allem die bayerische CSU befürwortete, hätte dies gesichert, die Lieferung der Pläne nicht. So entstand die Idee, mit einem zivilen Auftrag für die staatliche Werft zu helfen, als Gegenleistung für das von der Bundesregierung nicht genehmigte Geschäft.

Die ältere Schwester der Astor ging in den Besitz der DDR über. Das war nicht so einfach, wie es klingt. Ost-Berlin konnte 1985 aus politischen Gründen keinen Handel mit dem weißen

Regime an der Südspitze Afrikas abschließen. Und so musste ein bundesdeutsches Unternehmen den Dampfer für ein paar Stunden übernehmen, um es als MS Arkona an eine staatliche DDR-Reederei übergeben zu können. Für die DDR war es ein Geschäft mit einem hohen Symbolwert. Schien es doch die Überlegenheit des kommunistischen Wirtschaftssystems zu belegen. Auch die neue Astor fand später einen Besitzer auf der anderen Seite des „Eisernen Vorhangs“, wie die Grenze zwischen West und Ost damals genannt wurde. Die Sowjetunion stellte den Ozeandampfer „made in Germany“ 1988 unter dem Namen Fedor Dostojevski in Dienst.

Die MS Astor auf abenteuerlichen Wegen: Durch die Magellanstraße geht es Richtung Kap Horn, der Südspitze Amerikas.

Russische Schiffe waren damals vor allem bei westdeutschen Passagieren sehr beliebt. Die Preise für die Reise auf den schwimmenden Hotels mit Hammer und Sichel am Schornstein waren günstig. Die Konkurrenz mit der schwarz-rot-goldenen Flagge am Heck konnte da nicht mithalten. Bundesdeutsche Kreuzfahrer gingen wegen der hohen Kostenstruktur im Preisvergleich buchstäblich unter. Der Name MS Astor verschwand von den Weltmeeren. Sieben Jahre lang, vom 3. Oktober 1988 bis zum 1. Dezember 1995. An diesem Tag erhielt der stählerne Riese Fedor Dostojevski, auf dem schon längst die Fahne der Bahamas wehte, seinen ursprünglichen Namen Astor zurück.

Die alte Astor verwöhnte in dieser Zeit und noch einige Jahre länger ihre Gäste weiterhin unter dem Namen Arkona. Erst am 20. Februar 2002 wurden die beiden Schwestern zum ersten Mal vereint. Der Namenswechsel fand in Genua statt. Seitdem ist die MS Astoria in den Häfen ein Begriff.

Das ist kurz erzählt die große Geschichte zweier Schiffe. Astor und Astoria sind aber mehr als zwei schmucke Riesen aus Stahl. Die beiden Schiffe bieten – manchmal für kürzere, manchmal für längere Zeit – Menschen eine Heimat. Menschen, deren Leben sich durch die beiden Kreuzfahrer verändern kann. Einige dieser Zeitgenossen begegnen Ihnen in diesem Buch. Entspannen Sie sich, lehnen Sie sich zurück, kommen Sie mit auf eine Reise. Nicht nach Rio, New York, Sydney oder Tokio – kommen Sie mit auf eine Reise hinter die Kulissen von zwei der schönsten Passagierschiffe auf den sieben Weltmeeren.

ASTOR

Die Geschichte der schwimmenden Schwestern

Der Traum vom Musikdampfer

Ein Modelfoto der Hamburger HADAG von der geplanten MS Astor aus dem Jahr 1981.

Zuerst war sie nur ein Traum, die MS Astor. Sie hatte in dieser Traumphase auch noch keinen Namen. Doch Ende der 70er Jahre war das Schiff dann ein realer Männertraum. Vor allem der von Jens F. K. Jacobsen. Der Hamburger war ein Manager mit Visionen. Ein Unternehmer heißt halt Unternehmer, weil er etwas unternimmt. Und weil das so ist, wollte Jacobsen nicht tatenlos zusehen, wie immer mehr Menschen in der Hansestadt arbeitslos wurden, die Werften an der Elbe keinen Weg aus der Krise fanden und das Unternehmen, das er führte, sogar selbst in Gefahr geriet. Sein Unternehmen, das war die Reederei HADAG Seetouristik und Fährdienst AG. Der Vorstandssprecher der Gesellschaft, die im Besitz der Stadt Hamburg war, kämpfte an allen Fronten gegen steigende Kosten. Bei den Barkassen, die im Hafen schipperten, bei den Fähren nach England und Helgoland, bei der weißen Ausflugsflotte auf der Ostsee und bei einer angeschlossenen Fluggesellschaft gab es stagnierende, wenn nicht sogar rückläufige Umsätze.

In der Not begann der Traum von einem neuen Schiff. Nein, es sollte keine dieser mehr oder weniger langweiligen Fähren sein, die von einem zum anderen Punkt hin und her pendeln, als könnten sie keinen anderen Weg finden. Es sollte ein richtiger Musikdampfer sein. Ein Kreuzfahrer, vor dem die Menschen in den Häfen auf der ganzen Welt staunend am Pier stehen, den Namen am Heck lesen und darunter steht dann der Heimathafen: Hamburg. Ein neues Flaggschiff für eine Stadt mit einer stolzen Seefahrttradition, ein Botschafter für die Leistungsfähigkeit der hanseatischen Werftenindustrie, ein Denkmahl für seine Väter. Und so ganz nebenbei könnten noch 600 Arbeitsplätze auf der Werft und 300 Stellen bei Zulieferern mehr als ein Jahr lang gesichert werden. Ein schöner Traum, der dann seinen ersten Namen bekam: MS Hammonia.

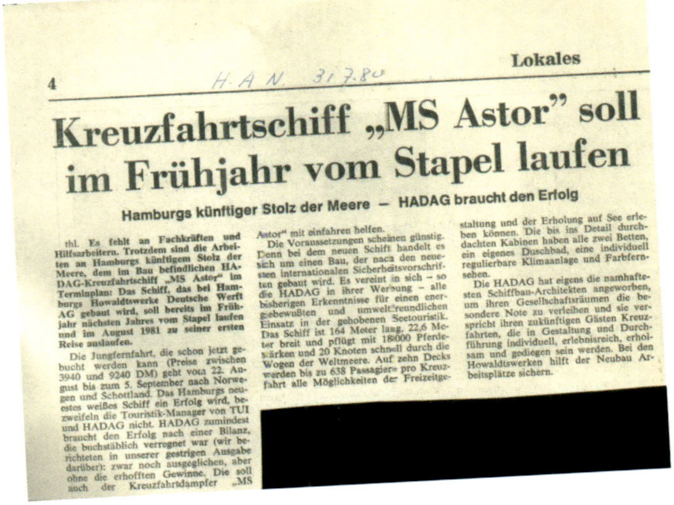

4 H. A. N. 31.7.80 Lokales

Kreuzfahrtschiff „MS Astor" soll im Frühjahr vom Stapel laufen

Hamburgs künftiger Stolz der Meere – HADAG braucht den Erfolg

thl. Es fehlt an Fachkräften und Hilfsarbeitern. Trotzdem sind die Arbeiten an Hamburgs künftigem Stolz der Meere, dem im Bau befindlichen HADAG-Kreuzfahrtschiff „MS Astor" im Terminplan: Das Schiff, das bei Hamburgs Howaldtswerke Deutsche Werft AG gebaut wird, soll bereits im Frühjahr nächsten Jahres vom Stapel laufen und im August 1981 zu seiner ersten Reise auslaufen.

Die Jungfernfahrt, die schon jetzt gebucht werden kann (Preise zwischen 3940 und 9240 DM) geht vom 22. August bis zum 5. September nach Norwegen und Schottland. Das Hamburgs neuestes weißes Schiff ein Erfolg wird, bezweifeln die Touristik-Manager von TUI und HADAG nicht. HADAG zumindest braucht den Erfolg nach einer Bilanz, die buchstäblich verregnet war (wir berichteten in unserer gestrigen Ausgabe darüber): zwar noch ausgeglichen, aber ohne die erhofften Gewinne. Die soll auch der Kreuzfahrtdampfer „MS Astor" mit einfahren helfen.

Die Voraussetzungen scheinen günstig. Denn bei dem neuen Schiff handelt es sich um einen Bau, der nach den neuesten internationalen Sicherheitsvorschriften gebaut wird. Es vereint in sich – so die HADAG in ihrer Werbung – alle bisherigen Erkenntnisse für einen energiebewußten und umweltfreundlichen Einsatz in der gehobenen Seetouristik. Das Schiff ist 164 Meter lang, 22,6 Meter breit und pflügt mit 18000 Pferdestärken und 20 Knoten schnell durch die Wogen der Weltmeere. Auf zehn Decks werden bis zu 638 Passagiere pro Kreuzfahrt alle Möglichkeiten der Freizeitgestaltung und der Erholung auf See erleben können. Die bis ins Detail durchdachten Kabinen haben alle zwei Betten, ein eigenes Duschbad, eine individuell regulierbare Klimaanlage und Farbfernsehen.

Die HADAG hat eigens die namhaftesten Schiffbau-Architekten angeworben, um ihren Gesellschaftsräumen die besondere Note zu verleihen und sie verspricht ihren zukünftigen Gästen Kreuzfahrten, die in Gestaltung und Durchführung individuell, erlebnisreich, erholsam und gediegen sein werden. Bei den Howaldtswerken hilft der Neubau Arbeitsplätze sichern.

[redacted]

Die Hamburger setzten große Hoffnungen in ihr Traumschiff.

Wenn aus Träumen Wirklichkeit werden soll, dann müssen Pläne geschmiedet werden. Und dabei war es mit der Harmonie in Hamburg schnell vorbei. Die Träumer wurden von der Politik auf den harten Boden der Realität zurück geholt. Der Vorstand der Sozialdemokraten bekam auf einmal Zweifel, ob die HADAG, die keine Erfahrung mit großen Reisen hatte, überhaupt in der Lage sei, einen Kreuzfahrer mit Gewinn zu betreiben. Eine Diskussion begann, die bei den Werftarbeitern von HDW in Hamburg mit wenig Verständnis verfolgt wurde. Schließlich ging es um ihre Arbeitsplätze. Und so musste schnell eine Lösung gefunden werden, damit der Traum vom Musikdampfer nicht ganz schnell wie eine Seifenblase zerplatzte.

Gut, dass Träume ansteckend sind. Der Plan vom Hamburger Flaggschiff gewann neue Freunde. Sie versammelten sich in der Kymo Verwaltungsgesellschaft für Schiffsbeteiligungen GmbH. & Co. Hinter dem langen Namen verbarg sich damals eine neue Reederei, die extra dafür gegründet wurde, aus dem Traum ein Schiff zu machen. Die Hälfte der Anteile hielt Günter Hertz von Tchibo-Kaffee. Weitere 40 Prozent waren in den Händen von Willy Bruns, erfolgreicher Früchtehändler und früher selbst einmal Reeder. Mit nur zehn Prozent Beteiligung ging die Hamburgische Landesbank eher vorsichtig an die Sache heran. Als zukünftiger Betreiber blieb die HADAG nicht allein. An der HADAG Cruise Line beteiligte sich noch der Reisekonzern TUI aus Hannover. Damit war die Forderung der SPD erfüllt, einen im Geschäft mit dem Urlauber erfahrenen Partner mit ins Boot zu nehmen. Dritter im Bunde wurde schließlich der Tabakkonzern Reemtsma, was für die Zukunft des Schiffes entscheidende Folgen haben sollte. Das Schiff sollte aber nicht mehr unter dem Namen MS Hammonia in See stechen. Der neue Name lautete nun MS Astor. Denn Astor war Ende der 70er Jahre eine erfolgreiche Zigarettenmarke von Reemtsma. Weiter wurden die Schornsteine umgeplant. Sie sollten so aussehen, wie Zigaretten, die aus einer Packung ragen. Was damals eigentlich nur als Reklame-Gag geplant war, macht die MS Astor heute noch unverwechselbar auf den Meeren.

Mit der Gründung der beiden Gesellschaften konnte der Traum nun Realität werden. An einem trüben Morgen in Hamburg, man schreibt den 29. Februar 1980, beginnt der Bau der MS Astor. Um 6 Uhr entsteht bei HDW in Hamburg mit der Kraft von 400 Tonnen Druck die erste Bodenplatte für das neue Traumschiff.

Die Astor kehrte noch oft nach Hamburg zurück. Hier liegt sie zum Beispiel als MS Arkona am 7. März 1987 im Dock 11 von HDW.

Der Architekt der MS Astor

Hans Sabert ist Architekt, und die Bauwerke des Hamburgers sind weltweit unterwegs. Sie tragen klangvolle Namen wie Tina Onassis, Hanseatic, Lady Moura oder Maxim Gorki. Hans Sabert entwirft Schiffe. Und seine Karriere zum Stararchitekten der sieben Weltmeere begann mit dem Bau der Astor.

Wir treffen Sabert nicht auf hoher See, sondern auf dem Flussschiff Bellevue. Es ist eines der jüngsten schwimmenden Hotels, das er entworfen hat. Sabert redet. Er redet gern. „Sie", sagt er und zeigt auf eine Kabinenstewardess, „sie hat es mir gesagt". Gesagt hat die resolute Dame ihm, dass die Schrauben an den Sieben in den Duschkabinen nur schlecht abgedreht werden können. Das macht eine Reinigung schwierig. Diese Kleinigkeit, über die andere Architekten wohl nur den Kopf schütteln würden, ist für Hans Sabert eine wichtige Anregung. Er ist in einem Alter, in dem andere Kollegen längst im Ruhestand sind, und den einzigen Vorteil, den der Hamburger darin sieht, ist „die Erfahrung, die ich habe".

Rund 250 Schiffe hat Sabert inzwischen entworfen. So genau weiß er das nicht.

Als Onassis einen Tanker nach seiner geliebten Tochter Tina benennen wollte, machte sich Sabert ans Werk. Für König Saud schuf er die sagenumwobene Megayacht Lady Moura. An solche Aufträge hatte er nicht gedacht, als er in Amerika Architektur studierte. Dann kam er in die alte Heimat zurück, „und die brauchten auf der Werft einen, der Englisch spricht". Nach dem Krieg hat er auch schon einmal eine Hafenbarkasse entworfen, um sich über Wasser zu halten. „Ich brauchte noch nie im Leben an eine Tür klopfen und nach Arbeit zu fragen," sagt Sabert nicht ohne Stolz.

Der Architekt Hans Sabert vor einem seiner neuesten Schiffe. Die Bellevue ist nicht auf dem Meer, sondern auf Europas Flüssen zu Hause.

Stolz sein kann er auch auf seine schwimmenden Bauwerke. „Schiffsbau ist immer ein Kompromiss,“ philosophiert der Architekt. Der Reeder versuche so viel Menschen wie möglich auf ein Schiff zu bekommen, damit er Geld verdienen kann: „Das Geschäft ist hart.“ Sabert sieht sich als Anwalt der Passagiere und Besatzungen. Da muss sich ein US-Reiseveranstalter davon überzeugen lassen, dass er größere Duschen braucht, weil seine Kunden ein paar mehr Pfunde auf die Waage bringen als in Deutschland. Und auch die Besatzung braucht angemessene Arbeitsplätze: „Was nutzt das beste Menü, wenn die Schweißperlen des Kochs hinein tropfen?“

Die erste Frage, wenn ein Schiff gebaut wird ist: „Was wollen wir bieten? Bei einem Kreuzfahrtschiff kann zum Beispiel ein Fitnessraum, ein Kino oder eine Bibliothek gewünscht sein. Soll das Essen in ein oder zwei Sitzungen im Restaurant serviert werden? Bei einer Sitzung ist es vielleicht für Passagiere und Personal bequemer. Bei zwei Sitzungen brauche ich nicht ein so großes Restaurant und kann eine intimere Atmosphäre schaffen. Wenn alle Fragen beantwortet sind, dann versuchen wir alles auch in einen Rumpf aus Stahl zu bekommen.“ Meist wird die Platzfrage auf Kosten der Besatzung beantwortet. Man sollte es kaum glauben: „Die Matrosen auf den modernen Frachtschiffen haben es da besser als ihre Kollegen auf den Kreuzfahrern." Wenn eine Stewardess sich bei dem Architekten über zu wenig Platz in ihrem Kleiderschrank beschwert, dann rät Sabert ihr scherzhaft: „Nimm lieber zwei gute als fünf billige Kleider mit."

„Architektur ist erst einmal ordnen", sagt Sabert, „und dann machen wir noch ein bisschen Kunst drum herum." Wichtig für das Aussehen eines Schiffes sei der Schornstein. Er prägt die Silhouette. Der Bereich der Eingänge ist der erste Eindruck für den Passagier, wenn er an Bord geht. Er soll sich vom ersten Augenblick an wohl fühlen. Im Inneren der Riesen aus Stahl muss Sabert das Problem lösen, wie die frische Luft zu den Menschen kommt. Ohne Klimaanlage geht es nicht. Und über diese Art der künstlichen Belüftung beklagen sich schließlich die meisten Menschen in den Büros an Land. Auf der Bellevue zum Beispiel lässt Sabert die Luft durch die Ritzen der Kacheln an der Decke kommen.

Die größte berufliche Herausforderung für Sabert ist der Entwurf einer Fähre, weil so viele unterschiedliche Bedürfnisse berücksichtigt werden müssen: „Da fahren Lastwagen drauf. Da sind im Sommer Familien mit Kindern an Bord und im Winter Geschäftsreisende." Sabert hat das zum Beispiel bei Ostsee-Fähren alles unter einen Hut bekommen. Und da zeigt sich wieder einmal der Perfektionist. Sabert setzt sich auch schon einmal an die Kasse im Supermarkt des Schiffes, um zu sehen „ob die Arbeitsabläufe der Kassiererin zuzumuten sind."

Saberts Erfolge schippern gut sichtbar auf den Meeren und Flüssen dieser Welt. Enttäuschungen gab es in seinem Berufsleben natürlich auch. Monatelang hatte er den Umbau der United States vorbereitet, bis den Amerikanern der Auftrag an eine deutsche Werft wegen des fallenden Dollar-Kurses zu teuer wurde.

Sein Lieblingsschiff? Sabert muss nicht lange überlegen: „Die MS Astor. Das war das erste Schiff, bei dem ich von der Leitung bis zum Bild an der Wand alles geplant habe." Es ist auch ein Schiff, das wegen der schrägen Anordnung der Schornsteine heute noch unverwechselbar ist. Sabert hat nicht nur die erste Astor, also die jetzige Astoria gebaut, sondern war auch für das Schwesterschiff verantwortlich. „Wir waren ein U-Boot", sagt er in Anspielung darauf, dass die Auftraggeber aus Südafrika damals eher Interesse an Plänen für Kriegsschiffe als an einem Luxusschiff hatten: „Wir haben uns damals gewundert, dass so viele Militärs auf der Werft waren."

Viele nennen Hans Sabert einen Stararchitekten. Er selbst schüttelt den Kopf, wenn er das hört: „Das bin ich nicht. Dafür sehe ich auf den Schiffen zuviel Murks, der gemacht wurde." Und wenn es nur eine falsche Schraube in einer Duschkabine ist.

Die MS Astoria im Hafen von Porto Grande auf den Kapverden

S. T. M. LINES

Die schwere Geburt der schönen Hamburgerin

Der erste Katalog für Kreuzfahrten mit der MS Astor. Die ersten Reisen konnten nicht durchgeführt werden, weil sich die Fertigstellung des Schiffes durch ein Feuer verzögerte.

Einige Geburten sind schwer. Einige Kinder wollen anscheinend am liebsten gar nicht zur Welt kommen. Die MS Astor war so ein widerspenstiges Kind. Die Stimmung bei den Bauarbeiten war alles andere als gut. Von Tag zu Tag wurde den Arbeitern bei HDW in Hamburg deutlicher, dass dies der letzte Kreuzfahrer sein würde, der unter ihren Händen entsteht. Anschlussaufträge waren nicht in Sicht. Und so herrschte an einem Freudentag Stimmung wie bei einer Beerdigung. Rund 6000 Hamburger waren am 16. Dezember 1980 gekommen, um beim Stapellauf des Schiffes dabei zu sein. Eine Eintrittskarte kostete damals 12 Mark – inbegriffen war eine Hafenrundfahrt und ein Glas Punsch zum Wärmen. Die Werftarbeiter trugen allerdings schwarze Fahnen in ihren Händen.

Der Täufling zeigte sich trotzig. Als Ilse Wiethüchter, Ehefrau des Reemtsma-Vorstandsvorsitzenden, um 10.47 Uhr die obligatorische Sektflasche am Rumpf zerplatzen ließ, glitt der Ozeanriese noch artig ins Wasser. Allerdings nicht dort hin, wo er eigentlich sollte. Das Schiff wurde vom böigen Wind erfasst und drückte ein hölzernes Wartehäuschen auf einen Steg ein. Der Rumpf kam mit einem Kratzer am Heck davon.

Fünf Monate später kam es schlimmer. Am 21. Mai 1981 brach beim Innenausbau des fast fertigen Schiffs ein Feuer auf dem Atlantikdeck aus. Was war geschehen? Ein Haufen mit Abfall stand plötzlich in Flammen. Das Unglück geschah, als die Arbeiter den Neubau bereits verlassen hatten. Nur aus diesem Grund gab es keine Todesopfer oder Verletzte. Die Hamburger Kripo untersuchte den Vorfall und kam zu dem Ergebnis: Es war Brandstiftung. Aber wer konnte Interesse daran haben, dass das schwimmende Schmuckstück nicht wie geplant zu seiner Jungfernfahrt ablegen konnte? Eigentlich gibt es keine andere Erklärung, als dass ein Werftarbeiter den Brand ausgelöst hat. War es der Frust darüber, dass er seinen Arbeitsplatz verlieren würde, wenn die MS Astor bei HDW fertig gestellt war? Wollte er mit der Brandstiftung dafür sorgen, dass er ein paar Monate länger Geld verdienen konnte? Hat er es mit Absicht getan oder vielleicht nur eine brennende Zigarette wütend in den Abfall geworfen? Die Fragen sind offen geblieben. Die Ermittlungen der Polizei blieben ergebnislos.

Die Flammen hatten nicht den größten Schaden angerichtet. Der war durch die Löscharbeiten entstanden. Das Wasser verband sich mit den

Die MS Astor zeigte sich bei ihrer Taufe trotzig. Das Schiff wurde von einem böigen Wind erfasst und drückte das Wartehäuschen auf einem Steg ein.

Unter Sirenengeheul gleitet die „Astor" in ihr Element. Um die Fahrt zu bremsen, sind gerade die Anker an Bug und Heck fallen gelassen worden. Das Wasser spritzt hoch auf
Fotos: JAN MORDHORST (2), CARL SCHÜTZE

Das größte HADAG-Schiff rauschte in sein Element

Mit norddeutsch-heimatlichen Melodien einer Pankokenkapelle und einem Schuß Sekt am noch unvollendeten Bug rauschte unter dem Jubel Hunderter Schaulustiger Hamburgs neuer Musikdampfer MS „Astor" in sein Element. Fünf Schlepper hielten den 18 800 BRT großen Kreuzfahrer dabei gestern im Griff. Die „Astor" ist das größte Schiff in der Geschichte der HADAG, Hauptgesellschafter dieser Schönen der Meere. Mit ihrem Stahlrumpf glitt aber auch der bis auf weiteres letzte Schiffsneubau bei den Howaldtswerken-Deutsche Werft AG in Hamburg vom Stapel. Ausführliche Berichte über den für die Hansestadt bedeutsamen Tag auf Seite 3

Mit einem schweren Vorschlaghammer werden die Pallen unter dem Schiffsboden weggeschlagen. Auf einer dicken Schmierschicht rutscht die „Astor" von der Helling hinunter

Dämpfen des verbrannten Kunststoffs von Verpackungsmaterial zu Salzsäure und griff die Metallteile an. Die eigentlich ab dem 22. August 1981 vorgesehenen Kreuzfahrten – es sollte zuerst nach Schottland und Norwegen gehen – mussten abgesagt werden.

Es sollte nicht die letzte Panne sein. Am 22. November 1981 bricht ein kleiner Brand im Friseursalon aus. Diesmal war es keine Brandstiftung. Es hatte einen Kurzschluss in einer Trockenhaube gegeben. Die zwei Tage später vorgesehe-

Die Jungfernreise war ein großes Ereignis für die Stadt Hamburg und natürlich auch für die Passagiere, die zur Erinnerung einen Teller mit der eingelassenen Route des Schiffes erhielten.

ne Probefahrt musste deshalb nicht ausfallen. Am 24. November 1981 muss die MS Astor zum ersten Mal auf der Nordsee beweisen, was in ihr steckt. „Die schöne Hamburgerin“, wie sie von den Hanseaten inzwischen genannt wird, überzeugte die Experten in stürmischer See und zeigte sich trotzdem wieder störrisch. Zur Probe wurde ein Rettungsboot zu Wasser gelassen. Wegen der hohen Wellen gelang es der Mannschaft nicht, das Boot wieder an Bord zu nehmen. Es musste schließlich von einem Schlepper eingefangen werden. War das ein schlechtes Omen für das Hamburger Flaggschiff?

Doch dieser Vorfall konnte den Terminplan nicht mehr über den Haufen werfen. Am 4. Dezember übergab die Werft HDW die MS Astor an den Reeder. Am 11. Dezember 1981 verwöhnte das Schiff Mitarbeiter von HADAG, HDW, TUI und Reemtsma als Dankeschön für die Zusammenarbeit auf einer Tagesfahrt. Am Tag darauf durfte sich die Hamburger Prominenz auf dem Flaggschiff ihrer Stadt wohl fühlen. Die erste Kreuzfahrt startete am 14. Dezember mit geladenen Gästen nach Genua. Am 23. Dezember 1981 begann schließlich in dem italienischen Hafen die erste in einem Katalog angebotene Kreuzfahrt. Und eine zunehmende Zahl der Skeptiker glaubte, dass die stolze MS Astor den direkten Kurs auf die Pleite nimmt.

Johannes Jakob Astor – Der Namensgeber

Der Name Astor hat eine lange Geschichte. Er erinnert an den deutschen Auswanderer Johannes Jakob Astor, der am 17. Juli 1763 in Walldorf geboren wurde. Im Jahr 1784 kam der Deutsche mit fünf Pfund Sterling und sieben Flöten – die ihm sein Bruder George Peter, ein Instrumenten-Händler in London, geschenkt hatte - in Amerika an. Daraus machte der geschäftstüchtige Mann ein Vermögen. Er tauschte bei den Indianern Alkohol und andere Errungenschaften des „Weißen Mannes" gegen wertvolle Felle ein. Statt die Pelze, wie üblich, in New York zu verkaufen, verschiffte Astor sie nach Europa, Russland und sogar China. Von dem Erlös kaufte er dort Luxusgüter, die er wiederum in die Vereinigten Staaten bringen ließ. Seine 1808 gegründete „American Fur Company" beherrschte schon bald den Pelzhandel rund um die Großen Seen im Nordosten Amerikas. Für seine Exporte baute Astor eine eigene Flotte von Segelschiffen.

Als Johannes Jakob Astor am 29. März 1848 in New York starb, wurde sein Vermögen auf über 200 Millionen Dollar geschätzt. Er war damit der reichste Mann Amerikas. Seine Familie gründete unter anderem auch das weltweit berühmte New Yorker Hotel „Waldorf Astoria". Die Nachfahren von Johannes Jakob Astor tauchten auch sonst immer wieder in der Weltgeschichte auf. 1906 zog Urenkelin Nancy Astor als erste Frau in das britische Unterhaus ein. Bei der „Titanic"-Katastrophe im Jahr 1912 ertrank Johann Jacob Astor IV. Seine schwangere Frau konnte gerettet werden. Wenig später kam Johann Jacob Astor V. zur Welt.

Der erste Kapitän der Astor

Sie hießen Graf Luckner oder Claus Störtebeker – die großen deutschen Kapitäne. Die Zeit der Helden und Abenteurer auf hoher See war in den 1980er Jahren vielleicht bereits Vergangenheit. Aber einen gab es noch, um den sich bereits zu Lebzeiten die Legenden bildeten. Er kam ausgerechnet aus Nordrhein-Westfalen, einem Bundesland, das nun wirklich nicht am Meer liegt. Sein Name: Raimund Krüger. Er war der erste Kapitän der Astor. Bereits beim Bau des Schiffes in Hamburg war Krüger an Bord. Er beaufsichtigte die Bauarbeiten und wurde für die Medien zum Star. Wenn Zeitungen, Zeitschriften oder das Fernsehen etwas über das Entstehen des neuen Hamburger Musikdampfers wissen wollten, dann fragten sie Krüger, einen Mann der sich im Rampenlicht wohl fühlte und von seinen Passagieren und Mannschaften verehrt wurde und auch noch heute wird.

„Schauen Sie doch raus: Wasser, Wasser, Wasser!", sagt Kapitän Krüger und zeigt durch die Scheiben seiner Brücke auf die Wellen, die sich an diesem Sommertag im Mittelmeer nur träge bewegen. Wir treffen den Geburtshelfer der Astor auf der MS Vistamar. Es ist

Raimund Krüger ist vielleicht der letzte Haudegen auf den sieben Weltmeeren. Der Seefahrer aus dem weit vom Meer entfernten Nordrhein-Westfalen war der erste Kapitän der MS Astor.

das letzte Schiff unter seinem Kommando. Der Mann kann die Frage gar nicht verstehen, warum er zur See fährt. Trotz seiner weißen Gala-Uniform wirkt der in Langenfeld zwischen Düsseldorf und Köln geborene Rheinländer wie ein gemütlicher Herr in den besten Jahren. Er passt so gar nicht in das Bild des Haudegens, von dem man sich in den Häfen der Welt ehrfurchtsvoll erzählt. Geschichten wie diese haben dazu beigetragen:

Es war ein schöner Sonnentag anno 1983 in Rio de Janeiro. Die Jugend der Millionenstadt war vor der drückenden Hitze zwischen den Häusern an die weltberühmte Copacabana geflüchtet. Nur wenige am Strand bemerkten, dass am Horizont ein Schiff auftauchte. Doch das sollte sich schnell ändern. Die Silhouette wuchs und wuchs, wurde erschreckend groß. Als sich der mächtige Bug der MS Astor in den Sand bohrte, rafften die braungebrannten Menschen panikartig ihre sieben Sachen zusammen und ergriffen die Flucht. Das Steuer in der Hand hatte Raimund Krüger.

Dichtung oder Wahrheit, Herr Kapitän? Krüger steuert selbst nichts bei, um Legenden zu bilden: „Ach, wir waren damals nach Rio gekommen, damit die Passagiere den Karneval erleben konnten. Keiner hatte uns gesagt, dass die Karten für das Sambadrom zwei- oder sogar dreimal verkauft wurden. Unsere Gäste hatten überhaupt keine Chance hinein zu kommen. Auf dem Heimweg wurden sie auch noch bestohlen.“ Und dann aus Rache gegen eine ungastliche Stadt . . . ? „Sagen wir einmal so, ich wollte, dass wir wenigstens noch einen schönen Blick auf die Copacabana mit nach Hause nehmen.“ Seemännisch sei es allerdings überhaupt kein Problem einen Ozeanriesen wie die Astor sozusagen mit dem Bug in den Sand zu setzen und ihn dann mit der Kraft der Schrauben am Heck wieder frei zu bekommen. Danke für die Aufklärung, Kapitän! Den Bericht einer großen Zeitschrift über sein damaliges Abenteuer hat er immer bei sich. Nur ärgerlich, dass die Schreiberlinge ihn damals zwei Jahre älter gemacht haben.

Krüger lässt den Lotsen nicht aus den Augen als dieser seine „MS Vistamar“ vom Mittelmeer über den spanischen Fluss Guadalquivir steuert. Kurz vor Sevilla eine Schleuse, die viel zu klein für den Kreuzfahrer zu sein scheint. Millimeterarbeit ist angesagt. „Ich wollte ein Schiff haben, womit ich überall dort hin komme, wo es für die Menschen interessant ist“, sagt Krüger. Als der spanische Hotelier José Rossell Recaséns 1988 beschloss, sein Glück auf dem Wasser zu versuchen, holte er sich Krüger für die Bauaufsicht über die MS Vistamar. Kein Wunder, schließlich machte sich Krüger beim Bau der Astor einen guten Namen, der weit über die deutschen Grenzen hinaus einen guten Klang hat.

Dem Seebären sind drei Dinge im Leben wichtig: „An erster Stelle das Meer, dann das Motorradfahren und vielleicht ein oder zwei Frauen.“ Die

Die „Astor" und ihr Kapitän

H.A. 21.5.80

Ein Modellbild der „Astor". Sie wird 164 Meter lang und hat — bei einer Geschwindigkeit von 20 Knoten — 18 000 Bruttoregistertonnen. Ihre Zwei-Bett-Kabinen haben alle ein eigenes Duschbad, WC und Farbfernseher

Fotos: J. MORDHORST/CONTI PRESS

Hamburger Musikdampfer wurde auf Kiel gelegt

Eigener Bericht

hn/jm **Hamburg, 21. Mai**

Hamburgs neues Kreuzfahrtschiff, die MS „Astor" (18 000 BRT), soll im August 1981 in Dienst gestellt werden. Das sagte Hadag-Chef Jens F. K. Jacobsen gestern bei der Kiellegung des Musikdampfers bei den Howaldtswerken Deutsche Werft AG (HDW). Ein 90 Tonnen schweres Bauteil, ein Bodensegment von 12 mal 17 Metern, wurde von Kränen auf die Helgen niedergelassen.

Zuvor hatte Jacobsen, einem alten Brauch folgend, einen Glückspfennig auf die Helgen gelegt. Für den Werftarbeiter, der diese Münze nach dem Stapellauf ...

... schiff für maximal 638 Fahrgäste in 304 Kabinen."

Werft und Auftraggeber haben auf 215 Blättern bis ins letzte Detail vereinbart, wie die „Astor" werden soll und was alles an Bord sein muß. Blatt S 31 bis Blatt S 39 bestimmen, daß für den Schiffskörper „handelsüblicher Schiffbaustahl mit Werkstoffzertifikat der Klassifikationsgesellschaften" verwendet wird. Den Bodenanstrich unter der Wasserlinie bilden drei Schichten Chlorkautschuk und eine Schicht Antifouling — alles zusammen 260 Millimeter dick.

Auch umfangreiche Hospitaleinrichtungen werden mit allen Einzel...

Er wird der Kapitän der „Astor": Raimund Krüger, 46, gebürtiger Rheinländer. Der ... ses Kreuzfahrtschiff, das nur 140 Passagiere an ... nehmen kann, macht ...

Bereits in der Bauphase der MS Astor war Raimund Krüger ein Star für die Medien.

Legende weiß von heißen Liebesabenteuern auf kalten Eisbergen zu berichten. Das ist aber nicht der Grund für Krügers Liebe zur Antarktis. Er liebt die Extreme. Wenn die Passagiere eines Kreuzfahrers dort einmal ihren Augen nicht trauten, weil ein Mensch auf dem Motorrad über das ewige Eis sauste, dann hatten sie Kapitän Krüger vor sich. Den südlichsten Erdteil erkundete der Mann – der auch zwei Jahre das Kommando auf dem Eisbrecher „MS Icebird" hatte – gern auf zwei Rädern. Eine PS-starke Maschine musste auf jeder längeren Reise mit an Bord sein.

Aber auch das andere Extrem zu den eiskalten Polen - die wärmeren Breiten unserer Welt, wie den Amazonas - mag das Mitglied der Umweltschutzorganisation „Greenpeace". Und der Strom durch den faszinierenden Urwald Südamerikas mag ihn anscheinend auch.

Der Tag an Bord der „MS World Discoverer“ war eigentlich schon zu Ende, das Abenteuer-Schiff auf dem Amazonas, der heute noch viele Geheimnisse birgt, verankert. Die Gäste unterhielten sich an der Bar. Krüger hatte seinen ersten Offizier mit dem Schlauchboot einen Seitenarm hoch zur Affeninsel Letitia geschickt. Kein Schiff, geschweige denn ein Kreuzfahrer, war jemals bis dahin gekommen. Deshalb sollten eigentlich die Gäste am nächsten Tag auch in Schlauchboote steigen, um ihr Ziel zu erreichen. Eigentlich! Denn als der Offizier von seiner Erkundungsfahrt zurückkehrte, meinte er: „Das könnte man vielleicht auch mit unserem Schiff schaffen“. Krüger überlegte nicht lange. Seine Crew überzeugte sich davon, dass die beiden einheimischen Lotsen auch wirklich fest schliefen und ihrem Kapitän keinen Strich durch den abenteuerlichen Plan machen konnten. Langsam und ganz vorsichtig bog die World Discoverer in den Seitenarm ein. Als der erste Lotse am nächsten Morgen noch ein wenig schlaftrunken auf der Brücke erschien, stutzte er, rieb sich die Augen, blickte zu Kapitän Krüger und fragte erstaunt: „Wo sind wir denn hier?“

Dichtung oder Wahrheit, Herr Kapitän? „Es stimmt, dass wir die ersten waren, die diesen Seitenarm des Amazonas mit einem großen Schiff befahren haben.“ Der Seitenarm trägt seit Ende der 70er Jahre seinen Namen: „Furo Raimondo“.

Sein Schiff nimmt wieder Kurs auf das Mittelmeer. Von Gibraltar bekommen die Passagiere nichts zu sehen Der britische Affenfelsen wird mitten in der Nacht umquert. „Gibraltar“, Krüger schüttelt den Kopf, „Gibraltar, da war doch schon jeder. Da brauchen wir nicht auch noch hin.“ Er zeigt seinen Gästen lieber etwas Neues. Krüger hatte immer das Ziel, die Menschen zu faszinieren, ihnen Plätze zu zeigen, an denen vor ihnen nur wenige Touristen waren. Und dazu gehören nicht die Affen auf Gibraltar. Das ist eine Tradition, in der alle seine Nachfolger auf der Kommandobrücke der Astor stehen.

Die MS Vistamar steuert den Hafen von Lissabon an. Der Lotse kommt an Bord. Krüger hat seine Spezialwünsche. Er möchte gern mit der Backbord-Seite anlegen. Das Manöver ist für den Portugiesen zeitraubender und komplizierter. Aber Kapitän ist Kapitän - und Krüger ist Krüger. Der Chef an Bord schaut etwas verschmitzt: „Die Backbord-Seite ist frisch gestrichen und heute machen doch alle Passagiere ihre Abschiedsfotos“.

Abschied von der Astor musste Krüger nehmen, als das Schiff auf Pleitekurs steuerte. Die Rechnung für ihn war hoch. Statt auf einem Traumschiff fand sich Krüger auf der England-Fähre „Prinz Oberon“ wieder, die damals Esbjerg an der dänischen Westküste mit Newcastle verband. Wer den Abenteurer Krüger kennt, der weiß, dass es für ihn die Höchststrafe war. Diese bittere Zeit ist vergessen. Sie hat keinen Platz unter all den spannenden Geschichten und Legenden um Kapitän Krüger.

„Das Traumschiff" –
Kurs auf Rekordquoten

„Das Traumschiff" war erst der Beginn einer Film- und Fernsehkarriere für die beiden Schwesterschiffe. So wurde zum Beispiel auch „Das Comedy-Schiff" auf der MS Astoria gedreht. Eine Hauptrolle spielte darin die Schauspielerin Marie-Luise Marjan (Bildmitte), die als Taufpatin der MS Astor dem Kreuzfahrer seinen alten Namen zurück gab.

Eine Seefahrt, die ist lustig, eine Seefahrt, die ist schön" – vielleicht hat dieses kleine Liedchen den Berliner Fernsehproduzenten Wolfgang Rademann zu seiner Serie „Das Traumschiff" inspiriert. Der Otto-Normal-Verbraucher, der sich damals keine Seereise auf einem Kreuzfahrer leisten konnte, brauchte sich nur vor seinen Fernseher zu setzen, um an Bord zu gehen und mit zu reisen. Und er machte reichlich Gebrauch von dieser preisgünstigen Gelegenheit, die weite

Welt zu sehen. Bis zu 60 Prozent aller Bundesbürger sahen die erste Staffel der Serie, die auf der im deutschen Markt damals fast unbekannten MS Vistafjord gedreht wurde.

Nach dem Riesenerfolg sollte so schnell wie möglich eine zweite Staffel folgen, da waren sich das ZDF und Rademann einig. „Der Reeder hat mich damals angerufen und mir die Astor für die Dreharbeiten angeboten", erinnert sich Deutschlands erfolgreichster Fernseh-Produzent. Er griff gerne zu. Es schien eine perfekte Partnerschaft zu sein. Die Astor brauchte dringend Werbung, um die Kabinen zu füllen. Eine perfektere Reklame, als der Star der beliebtesten Fernseh-Serie zu sein, gab es nicht. Rademann war froh darüber, dass ihm die Reederei Möglichkeiten bot, die er mit dem ZDF-Etat nicht hätte realisieren können. Das lag auch an dem nicht eben kleinen Team der Mainzelmännchen - immerhin insgesamt 68 Personen - und der Tross durfte kostenlos um die Welt reisen.

Der Etat für die Dreharbeiten war damals schon belastet genug. Regie führte bei den Folgen auf der Astor Alfred Vohrer, der die Kinos mit seinen Karl-May-Filmen, den Krimis nach den Büchern von Edgar Wallace und den Verfilmungen der Simmel-Bücher rekordverdächtig gefüllt hatte. Auch für die Hauptrollen durften nur Stars an Bord der Astor kommen. Maria Schell, Josef Meinrad, Manfred Krug, Jutta Speidel, Pierre Brice, Walter Giller, Brigitte

Ihre Einschaltquoten können heute nicht mehr erreicht werden: Heinz Weiss als Kapitän der Astor, Heide Keller als Chefstewardess Beatrice und Sascha Hehn als Stewart Victor schrieben mit „Das Traumschiff" ein Stück deutscher Fernsehgeschichte. Heide Keller ist heute noch dabei, wenn das Team um Wolfgang Rademann auf Reisen geht. Ein einzigartiger Erfolg für die Schauspielerin und den Produzenten, der auf der Astor einst seinen Ursprung hatte. Für die Dreharbeiten wurde auch die berühmte Eisparade vor der Schlussszene erfunden, die heute auf jedem guten Kreuzfahrtschiff der Welt nicht fehlen darf.

An Bord, 15. Februar 1983

SEHR VEREEHRTE FAHRGÄSTE DER MS ASTOR
LIEBE MITWIRKENDE DES "TRAUMSCHIFF" – TEAMS
LIEBE MITARBEITERINNEN UND MITARBEITER !

Seit dem 16. Januar d.J.ab San Juan erhielten die Reisen 35 und 36 unserer MS ASTOR durch die Aufnahmen für die neue ZDF - Serie "Traumschiff" - und natürlich auch durch die vielen hierbei tätigen Künstler und Mitarbeiter des Aufnahmestabes - eine besondere Note.

Ich finde, daß durch großes gegenseitiges Verständnis und Rücksichtnahme nicht nur eine gute Leistung ermöglicht und die Entstehung besonderer Problematik vermieden wurde, sondern darüber hinaus ergänzend eine positve Stimmung und neue Freundschaften entstanden sind.

ALLE an Bord von MS ASTOR haben ohne Ausnahme hierzu beigetragen, wofür ich mich sehr herzlich bedanken möchte.

Falls es doch im Verlaufe dieser fast 6 Wochen einmal zu kleineren Behinderungen gekommen sein sollte, darf ich mich bei den insoweit Betroffenen namens der Reederei entschuldigen.

Jedenfalls aber darf ich Sie alle sehr herzlich zu einer

D E C K S P A R T Y

auf den Boots- und Brückendecks , achtern
ab 22.30 Uhr am 16. Februar 1983 einladen.

Dies als äußeres Zeichen meines Dankes, aber auch um Ihnen allen eine besondere Gelegenheit der Begegnung an Bord in fröhlicher Geselligkeit zu eröffnen.

Es liegt im Charakter dieser Veranstaltung, daß reichlich, aber einfach angeboten wird, damit möglichst viele Mitarbeiter ebenfalls teilnehmen können.

Über eine rege Teilnahme würde ich mich außerordentlich freuen.

Herzlichst Ihr

Jens F. K. Jacobsen

Vorsitzender des Vorstandes
HADAG Cruise - Line , Hamburg

Horney und Wolfgang Kieling waren nur einige dieser großen Namen. Gespart wurde an anderer Stelle. Einige der Innenaufnahmen stammten noch aus den Kulissen, die für die ersten „Traumschiff"-Folgen auf der Vistafjord gebaut wurden.

Als Traumschiff-Kapitän feierte Heinz Weiss auf der Astor Premiere, der schnell mit dem echten Kapitän Raimund Krüger Freundschaft schloss. Heide Keller, damals wie heute die Chefstewardess Beatrice,

Die Dreharbeiten zum „Traumschiff" war auch eine Zeit der Partys: Für die Schauspieler, das Fernseh-Team, die Passagiere und die Besatzung.

erinnert sich noch heute gern an die schönsten Partys ihres Lebens. Natürlich wurde auch hart gearbeitet. Heide Keller hat die Astor nicht nur beruflich gemocht. Sie kehrte auf das Schiff auch privat zurück, als es MS Arkona hieß. Und da war dann noch der immer so freundlich lächelnde Steward Victor. In dieser Rolle wurde Sascha Hehn zum Traum vieler Frauen und zum Alptraum der Männer, die sich mit ihm vergleichen lassen mussten.

Als das ZDF im November 1982 an Bord ging, schien die Zukunft rosarot zu sein. Keiner konnte ahnen, dass die Astor schon längst nicht mehr unter deutscher Flagge segelte, als der erste Teil der Serie ausgestrahlt wurde. Trotzdem: Die zweite Staffel der Kreuzfahrt-Geschichten zog 23 Millionen Menschen vor die Bildschirme, das war mehr als bei jedem Fußball-Länderspiel.

„Das Traumschiff" mit der MS Astor gab es auch als Gesellschaftsspiel.

„Das Traumschiff"
MS Astor – Sechs Folgen Fernsehgeschichte

Anfang der 80er Jahre wurden in den Folgen der Serie „Das Traumschiff" immer drei unabhängige Geschichten erzählt. Mit dem ZDF-Team an Bord fuhr die Astor nach Marokko, an die Palmenküste von Kenia, zur Insel Puerto Rico, den Amazonas hinauf bis nach Manaus und nach Rio de Janeiro. Insgesamt wurden sechs Folgen auf der Astor gedreht.

Folge (Erstausstrahlung 30. Oktober 1983): „Herz ist Trumpf" (mit Manfred Krug, Maria Sebaldt, Elmar Wepper); „Sängerin und Zauberer" (mit Josef Meinrad, Gisela Peltzer, Karl Walter Diess); „Bordbekanntschaften" (mit Klausjürgen Wussow, Lambert Hamel, Maria Schell).

Folge (Erstaustrahlung 13. November 1983): „Das Kleid" (mit Walter Giller, Beatrice Richter, Chariklia Baxevanos); „Der Simulant" (mit Peer Schmidt, Anaid Iplicjian); „Kilimandscharo" (mit Pierre Brice, Susanne Uhlen).

Folge (Erstaustrahlung 27. November 1983): „Geschäftliches" (mit Evelyn Opela, Klaus Wildbolz); „Kolumbus und Kabeljau" (mit Eva Maria Bauer, Klaus Herm), „Der Hund" (mit Diether Krebs, Ute Christensen, Evelyn Hamann).

Folge (Erstaustrahlung 4. Dezember 1983):
„Damenbesuch" (mit Volkert Kraeft, Herlinde Latzko); „Karl und Anna" (mit Ulrich von Dobschütz, Lisa Kreutzer, Rudolf Schündler, Else Quecke); „Liebe durch zwei" (mit Stefan Fleming, Richy Müller, Achim Strietzel, Barbara und Christine Firzlaff).

Folge (Erstausstrahlung 18. Dezember 1983): „Der Heiratsschwindler" (mit Elisabeth Wiedemann, Joachim Kemmer, Evelyn Gressmann, Edith Schollwer); „Frau Schliemann und das Abenteuer" (mit Anja Kruse, Nadja Tiller, Benedict Freitag); „Der Kinderfeind" (mit Gerd Baltus, Natascha Schlegel, Karin Baal).

Folge (Erstausstrahlung 1. Januar 1984: „Nachbarn" (mit Jürgen von Manger, Marie-Luise Marjan, Hans Helmut Dickow, Elisabeth Volkmann, Jochen Schröder, Sabine Postel); „Der Falschspieler" (mit Ivan Desny, Barbara Rütting, Brigitte Horney); „Tochter des Chefs" (mit Sigmar Solbach, Wolfgang Kieling, Jocelyne Boisseau).

Das Ende des Hamburger Traums

In stürmische Gewässer gerät die MS Astor – wie hier im Hafen von Punto Arenas in Chile – inzwischen nur noch im Meer. Die Geschichte der beiden schwimmenden Schwestern begann allerdings mit einer Millionen-Pleite.

Die Astor lag vor der griechischen Insel Mykonos. Kapitän Raimund Krüger war in Urlaub. Staff-Kapitän Werner Wolkersdorfer hatte das Kommando über das Schiff. Wolkersdorfer kam am 21. September 1983 an Bord, als ihn ein Steward ans Telefon rief. Am anderen Ende ein Reporter des Hamburger Abendblattes, der ihn fragte, ob er es schon gehört habe. „Was soll ich gehört haben?", fragte der Seemann zurück. „Na, dass die Astor verkauft wird." Wolkersdorfer war geschockt, so wie seine Besatzung wenig später fassungslos war, als er ihr die schlechte Nachricht aus Deutschland überbrachte. Die 227 Mitarbeiter an Bord hatten Angst um ihre Arbeitsplätze.

Das Ende des Hamburger Traums auf den sieben Weltmeeren hatte sich bereits im April angekündigt. Unregelmäßigkeiten wurden bei der Reederei HADAG festgestellt. Zwei Monate später feuerte der Senat HADAG-Chef Jens F. K. Jacobsen und seinen Finanzchef. Die Astor hatte keine Chance in die schwarzen Zahlen zu fahren. Das Schiff war für 14 Jahre zum Tagespreis von 150.000 Mark gechartert worden. Das bedeutete, erst bei einer Auslastung von 80 Prozent hätte sich das Geschäft gelohnt. Im ersten Jahr waren aber nur 65 Prozent der Kabinen belegt, im zweiten Jahr allerdings bereits 75 Prozent, aber das reichte immer noch nicht. Die Astor hatte zwar viele stolze Väter, aber nur einen, der für die Verluste aufkommen musste: Die HADAG und damit der Hamburger Steuerzahler.

Gewerkschaft, Seebetriebsrat und Mannschaft versuchten einen deutschen Interessenten zu finden, der bereit war, das Schiff zu übernehmen und somit die Arbeitsplätze zu erhalten. Sie schalteten den Münchner Rechtsanwalt Andreas Grasmüller ein, einen bekannten Tierschützer und begeisterten Passagier der Astor. Grasmüller führte auch Gespräche mit einigen Gruppen von Interessenten, es kam aber nie zu einem Abschluss. Der Hamburger Senat griff schließlich nach der rettenden Hand, die ihm aus Südafrika hingehalten wurde. Der Neubau des Musikdampfers hatte 110 Millionen Mark gekostet. Der neue Besitzer zahlte 130 Millionen Mark. Es war aber trotzdem kein gutes Geschäft. Nach offiziellen Angaben hat das Abenteuer Astor die Stadt Hamburg 50 Millionen Mark an Subventionen gekostet. Nach damaligen Spekulationen des Nachrichtenmagazins „Der Spiegel“ kam insgesamt sogar die doppelte Summe zusammen.

Sie hat sich freigeschwommen: Die MS Astor am Ende der Welt, an der Südspitze Amerikas.

Ein Musikdampfer zwischen U-Booten

Die MS Arkona, Heimathafen Rostock, im ewigen Eis. Es waren eisige Zeiten zwischen der DDR, der Bundesrepublik und dem damaligen Apartheidstaat Südafrika, in denen das Schiff eine abenteuerliche Rolle spielte.

Es ist eine Geschichte von Spionen und Agenten, von dunklen Geschäften, von Politikern die nicht immer die Wahrheit sagen und von einem Millionen-Geschäft. Würde es in Deutschland einen echten James Bond geben, er hätte eine Menge Arbeit, den Fall aufzuklären, der fast ein Jahrzehnt lang Schlagzeilen machte. Alle Geheimnisse sind noch immer nicht gelüftet.

Die so genannte „U-Boot-Affäre" war der größte politische Skandal in der Bundesrepublik der 80er Jahre. Mittendrin ein eigentlich unschuldiges Kreuzfahrtschiff: die MS Astor. Vier Jahre lang – von 1986 bis 1990 – versuchte ein Untersuchungsausschuss Licht in die dunklen Geschäfte zwischen Südafrika und Deutschland zu bekommen. Immer wieder wurden die Sitzungen verschleppt, bis sich zum Schluss die Öffentlichkeit nicht mehr dafür interessierte. Schade, denn es ist eine Geschichte, spannend wie ein Krimi.

„Wir waren ein U-Boot", sagen heute die Erbauer der neuen Astor auf der Werft HDW in Kiel. Sie wollten einen noch schöneren Kreuzfahrer hinaus auf die Meere schicken, den südafrikanischen Auftraggebern ging es eher um ein modernes Waffensystem.

Wir schreiben das Jahr 1983. Das international geächtete Apartheid-Regime in Südafrika entdeckt plötzlich sein Interesse an Schiffen „made in Germany". Den deutschen Werften kann das nur recht sein. Ihre Auftragsbücher sind nicht eben gut gefüllt. Auch nicht die des Astor-Erbauers HDW. „Wenn keine zufriedenstellende Beschäftigung beim U-Boot-Bau erreicht wird, muss in drei Jahren eine Liquidation von HDW erwogen werden", heißt es im Protokoll 19 der Vorstandssitzung vom 11.

Große Party für einen Neubau: Die MS Astor wurde am 24. Juni 1986 in Kiel getauft.

Juli 1983 der bundeseigenen Salzgitter AG, dem Hauptgesellschafter der Werft. Tausende von Arbeitsplätzen stehen wieder einmal auf dem Spiel.

Fehlende Aufträge für die U-Boote sind aber nicht das einzige Problem von HDW in diesem Jahr. Es zeichnet sich ab, dass die Hamburger mit ihrem Traumschiff Astor, das von der Werft gebaut wurde und ihnen eigentlich Nachfolgeaufträge bringen sollte, in die Pleite fahren würden. Nur gut, dass plötzlich ein rettender Engel auftaucht. Ein Engel, der allerdings nicht salonfähig ist. Der Retter mit gut gefüllter Brieftasche heißt Südafrika. Der weiße Staat an der südlichen Spitze des schwarzen Afrikas möchte wieder eine Rolle in der Weltgemeinschaft spielen. Damit das gelingt, steht genügend Geld aus dem lukrativen Handel mit Gold zur Verfügung. So viel Geld, dass eine Industrienation in der wirtschaftlichen Krise wie die Bundesrepublik schwach werden kann.

Vertreter südafrikanischer Firmen sind plötzlich häufige Gäste an der norddeutschen Küste. Sie bieten zum Beispiel an, die MS Astor zu kaufen, die für die Hamburger Steuerzahler ein Millionengrab ohne Ende zu werden scheint. Gleichzeitig wird dem Ingenieurkontor Lübeck, einer Tochter der Werft HDW, ein eigentlich unmoralisches Angebot gemacht. Südafrika will deutsche U-Boote haben. Die Sache hat nämlich einen Haken: Deutschland darf keine Waffen an das Kap der guten Hoffnung liefern. Das wäre ein klarer Verstoß gegen das Außenwirtschaftsgesetz und die Embargo-Bestimmungen der Vereinten Nationen, die gegen das Regime verhängt wurden. So wird offiziell erst einmal über ein U-Boot zu Forschungszwecken nachgedacht.

Schützenhilfe für das problematische Geschäft kommt nicht ausschließlich von norddeutschen Ufern, sondern auch aus den bayrischen Bergen. Der damalige Ministerpräsident Franz-Josef Strauß verspricht 1983 bei einem Besuch in Südafrika dem dortigen Regierungschef Pieter Willem Botha, sich bei Kanzler Helmut Kohl dafür einzusetzen, dass deutsche U-Boote bald unter der Fahne seines Landes fahren können. Die Verhandlungen laufen allerdings zäh an. Schneller geht es in Hamburg voran. Südafrika, wie der Zufall es so will, kauft in diesem Jahr erst einmal kein neues Kriegs-, sondern ein Kreuzfahrtschiff: die MS Astor. Es ist sehr verwunderlich, warum die weißen Afrikaner auf einmal einen Musikdampfer brauchten. Bisher waren sie ohne ausgekommen. In vielen Ländern auf der Welt gab es auch Probleme, mit der Apartheid-Flagge am Heck in einen Hafen einzulaufen.

Dem Hamburger Senat kann das egal sein, er darf aufatmen. Wer hätte sonst

Auch bei dem Bau der neuen Astor in Kiel ging es um den Erhalt von Arbeitsplätzen.

Eine der ersten Begegnungen: Die MS Arkona unter DDR-Flagge und dahinter die neue Astor im Hafen von Venedig.

in einer wirtschaftlich so schwierigen Zeit seiner kommunalen Reederei HADAG einen Ozeanriesen abgenommen, der tief in den roten Zahlen steckt? Das Problem war gelöst, bevor es für die Politiker in der Hansestadt politisch gefährlich werden konnte. Der erfolgreiche Geschäftsabschluss über das schwimmende Hotel hebt die Stimmung bei den Verhandlungen über U-Boote. Aus der damaligen Hauptstadt Bonn kommen Signale, dass man nichts gegen die Geheimgespräche im hohen Norden hat – natürlich nur inoffiziell. Im Frühjahr 1984 treffen sich Kohl und Strauß. Sie unterhalten sich laut den späteren Erkenntnissen des Bundestags-Untersuchungsausschusses über die schwierige Lage von HDW und die Sicherung der Arbeitsplätze. Wenn die Werft U-Boote für Südafrika bauen darf, dann wäre die Beschäftigung gesichert und die Regierung müsste ein paar Millionen weniger in die krisengeschüttelte Werft stecken.

Die Südafrikaner wollten aber lieber die Schiffe im eigenen Land bauen. Dazu brauchten sie neben den Plänen aus Deutschland das Fachwissen der Kieler Ingenieure. Der Kunde vom Kap glaubte nicht, dass es trotz der prominenten Unterstützung in der Bundesrepublik politisch durchzusetzen ist, fertige deutsche Kriegssysteme an Pretoria zu liefern. Die Südafrikaner haben schon einmal schlechte Erfahrungen gemacht. Damals, im Jahr 1977, hatten sie U-Boote in Frankreich bestellt und dann stoppte das Embargo die Auslieferung. Ein paar

Bauteile wollen sie vielleicht kaufen, „sofern uns im Hinblick auf die schlechte Beschäftigungen der deutschen Werften hiermit ein Gefallen getan wird“, schreibt Lutz Nohse vom Ingenieurkontor Lübeck in einer vertraulichen Notiz. Die Unterstützer Südafrikas in der Politik und auch die Verantwortlichen von HDW können mit dem Verlauf der Verhandlungen nicht zufrieden sein. Sie gehen ein hohes Risiko ein und verlieren ihr Ziel aus den Augen. Sicher, die Lieferung von Bauplänen würde Millionen einbringen, aber die Arbeiter und Angestellten auf der Werft hätten immer noch nichts zu tun.

Ein ziviler Auftrag aus Südafrika, zum Beispiel für den Bau eines weiteren unverdächtigen Kreuzfahrtschiffs, könnte das Problem lösen. Dann hätte man auch eine Erklärung dafür, wenn auf einmal eine noch regere Reisetätigkeit von Schifffahrtsexperten zwischen Kapstadt und Kiel einsetzen würde. HDW hatte in dieser Hinsicht sowieso bereits vorgebaut und versichert, ihre Ingenieure würden nur nach Afrika reisen, um dort den Bau von Ölplattformen vorzubereiten.

Das Geschäft wird immer undurchsichtiger. Zwar versichern später alle Beteiligten, es sei legal was sie getan hätten, aber sie legen sich zuerst lieber einmal eine Geheimsprache für die schriftlichen Kontakte zu. Spätestens jetzt wird aus dem Fall ein echter Agenten-Thriller. Das Millionengeschäft läuft unter der Codebezeichnung „IK 97“ ab. Statt Deutschland sagen die Geschäftspartner lieber „Tjello“. „Karate“ steht für Südafrika. Die HDW-Tochter Ingenieurkontor Lübeck heißt plötzlich „Decotor“, HDW selbst „Laokoon“. Die Pläne werden auch nicht mit der Post geliefert. Zwischen Oktober 1984 und Juni 1985 schmuggeln Diplomaten der südafrikanischen Botschaft in Bonn Mikrofilme in ihrem Gepäck in die Heimat. Was am Kap der guten Hoffnung vergrößert wurde, scheint die Verantwortlichen dort von der Qualität deutscher Schiffe überzeugt zu haben. Auf jeden Fall bestellte Südafrika bei der U-Boot-Schmiede von HDW in Kiel am 12. April 1985 kein Kriegsschiff, sondern eine neue Astor. Und damit ist mit einem Umweg auf einmal doch noch erreicht worden, was sich Kanzler Kohl und Ministerpräsident Strauß laut Bericht des Bundestags-Untersuchungsausschusses von dem umstrittenen U-Boot-Deal versprochen hatten: der Erhalt der Arbeitsplätze.

Nun hat aber der südafrikanische Vertragspartner, der eigentlich nur wenig an Vergnügungsdampfern interessiert ist, ein Problem: Er besitzt nicht nur eine Astor, sondern zwei. Das ältere Schiff muss weg. Wohin? Nun beginnen die wildesten Spekulationen. Was damals geschah, das wird von angesehenen Publikationen wie dem Magazin „Spiegel“ oder der „Berliner Zeitung“ sogar im Zusammenhang mit dem mysteriösen Tod des ehemaligen schleswig-holsteinischen Ministerpräsidenten Uwe Barschel in der Bade-

Titelbild einer Image-Broschüre des FDGB der DDR für ihr Luxusschiff.

wanne eines Hotels in Genf gesehen. Barschel soll sauer gewesen sein, weil ihn sein Vorgänger und damaliger Bundesfinanzminister Gerhard Stoltenberg nicht in das U-Boot-Geschäft eingeweiht hatte. „Mein Bruder und ich haben damals viele Gespräche über die Angelegenheit geführt. Nach seinem Rücktritt 1987 hat mein Bruder davon gesprochen, ein Buch zu schreiben. Darin sollte es auch um die HDW-Geschichte gehen", diktierte Eike Barschel 1995 einem Journalisten der „Berliner Zeitung".

Barschel soll gewusst haben, so Spekulationen in deutschen Zeitungen, dass auch die DDR und die Sowjetunion in das Geschäft mit U-Booten und der Astor verwickelt waren. Nach Informationen der „Berliner Zeitung" sollte die DDR für die alte Astor zuerst 130 Millionen Mark zahlen. Der Preis schnellte jedoch auf einmal auf 184 Millionen Mark hoch. Nach Geheimverhandlungen mit DDR-Devisenhändler Alexander Schalck-Golodkowski soll HDW bereit gewesen sein, den Kauf des Traumschiffes mit 20 Millionen Mark zu subventionieren. Schalck verzichtete auf Gegengeschäfte. Die Gründe dafür sind unbekannt. Normalerweise bestand die DDR damals bei Verträgen mit westlichen Staaten darauf, dass zum Beispiel im gleichen Wert Landmaschinen bei ihnen eingekauft wurden. Ein Stasi-Oberst mit dem schönen Tarnnamen „Glasschüssel" gab zu Protokoll, dass die DDR für den Umbau der Astor zur Arkona – die Kosten dafür beliefen sich auf immerhin drei Millionen Mark – keinen einzigen Pfennig bezahlt hatte: „Ein Zusammenhag mit der U-Boot-Affäre werde vermutet". „Spiegel" und „Berliner Zeitung" glauben, dass ein Teil des Waffen-Geschäftes mit Südafrika über Moskau und Ost-Berlin abgewickelt werden sollte. Sicher ist, dass Uwe Barschel, dessen Wirtschaftsminister Jürgen Westphal den Auftrag für den Neubau der Astor aus Südafrika mitgebracht hatte, einige Male Rostock, den späteren Heimathafen der Arkona, besucht hat.

In Bonn war man gezwungen zu handeln, wie man eigentlich nicht handeln wollte. Im Sommer 1985 kam das U-Boot-Geschäft durch Presseberichte an die Öffentlichkeit. Die Bundesregierung untersagte unverzüglich, weitere Pläne an die weiße Regierung in Südafrika zu liefern. Offiziell ist dieses dunkle Kapitel der deutschen Wirtschaftsgeschichte nie aufgeklärt worden. Inoffiziell sollen die noch fehlenden Daten über die Türkei geliefert worden sein. Offiziell wurde immer behauptet, die gelieferten Pläne hätten nie zum Bau eines U-Bootes gereicht. Inoffiziell und ganz nebenbei ist dadurch eines der schönsten Kreuzfahrtschiffe der Weltmeere entstanden.

Die Ironie der Geschichte: Nach dem Ende der Apartheid bestellte die demokratische Regierung Südafrikas im Jahr 2000 ganz offiziell U-Boote bei HDW in Kiel, die heute bei der Marine an der Südspitze des schwarzen Kontinents in Dienst stehen.

Südafrika:

Die Astor bekommt eine Zwillingsschwester

– und „Big Daddy" ist dabei

Wenn Hotelmanager Larry Jackson von einem Passagier gefragt wird, ob er verheiratet ist, dann antwortet der Südafrikaner: „Meine Frau ist die Astoria und wir haben zusammen 250 Kinder." Mit den „Kindern" meint der Mann mit dem Vollbart, der keine Streifen am Ärmel seiner Jacke tragen müsste, um als Respektperson erkannt zu werden, die Besatzung des Schiffes. Und die nennt ihn genauso liebe- wie auch achtungsvoll „Big Daddy". Larry Jackson hat seine „Braut" kennengelernt, als sie noch ein ganz junges Mädchen war. Damals hieß sie noch MS Astor und ihre Eltern, die Hamburger Reederei HADAG und der Senat der Hansestadt, waren glücklich, ihre kostspielige Tochter an die südafrikanische Gesellschaft Safmarin verkauft zu haben.

Unter der Flagge von Safmarin verkehrten damals – man schrieb das Jahr 1984 – Dutzende von Frachtern, aber kein einziges Passagierschiff. „Es gab früher die Union Castle Line, die Linienverbindungen von England nach Südafrika angeboten hat, aber diese Strecken waren schon rund fünf Jahre vorher eingestellt worden. Mit dem Kauf der Astor sollte der Verkehr zwischen Southampton und Kapstadt wieder aufgenommen werden", erinnert sich Jackson an die schwierige Zeit, als seine Heimat versuchte, aus der weltweiten Isolation heraus zu kommen.

Ihm selbst war die Seefahrt nicht in die Wiege gelegt worden. Jackson

Die Südafrikaner suchten auch auf dem deutschen Markt nach Passagieren für ihren Kreuzfahrer.

Die braune Mauritius: 1987 wurde auf der Insel eine Briefmarke mit der MS Astor als Motiv gedruckt.

studierte Innenarchitektur. Ein Beruf, den er im Südafrika zurzeit der Rassentrennung und des damit verbundenen internationalen Boykotts nur schwer ausüben konnte: „Wir bekamen weder Möbel oder auch nur Stoffe aus Übersee. Teile für die Einrichtung aus dem Ausland zu beziehen, das war ein ausgesprochener Luxus." Larry Jackson fand sich nach seinem Studium hinter der Bar eines Hotels in Kapstadt wieder. Ein Beruf, der ihm durchaus Spaß machte.

Passagiere und Besatzungsmitglieder nennen ihn „Big Daddy": Heute ist Larry Jackson der Hoteldirektor der MS Astoria.

Eines Tages las der junge Mann in einer Zeitung eine Anzeige: „Möchten Sie auf See? Möchten Sie die Welt sehen?" wurde schwarz auf weiß in der Annonce gefragt. Larry Jackson wollte. Im Alter von 32 Jahren heuerte er auf der MS Astor an.

Wohl nie wird der Seemann den Augenblick vergessen, als er zum ersten Mal mit seiner Astor ablegte. Man schrieb den 1. April 1984 in Hamburg. Und den Hanseaten war an diesem Tag alles andere als nach einem Aprilscherz zu mute. Noch mit der bundesdeutschen Flagge kam ihr Schiff, in das sie so viele Hoffnungen investiert hatten und auf das sie so stolz waren, in die HDW-Werft. Nun wehte die Fahne Südafrikas am Heck. „Die Landungsbrücken waren schwarz von Menschen, die das Schiff ein letztes Mal sehen wollten", erinnert sich Jackson an den emotionalen Augenblick des Abschieds vom alten Heimathafen. Der Traum vom schwimmenden Botschafter der Hansestadt war wie eine Seifenblase geplatzt.

Auf der ersten Reise über Southampton nach Kapstadt war die Stimmung auch alles andere als gut. „Rund die Hälfte der Besatzung an Bord wurde von unserer Reederei übernommen. Es waren also Deutsche, die vergeblich dafür gekämpft hatten, dass die Astor weiter unter ihrer Flagge reiste. Sie erhielten aber immerhin die doppelte Heuer wie wir Südafrikaner. Ich musste damals mit 609 Rand im Monat auskommen, das sind heute umgerechnet etwa 75 Euro. Deshalb haben wir uns über jede Mark an Trinkgeld gefreut. Auch schon deshalb, weil unsere Währung niemand haben wollte", erzählt Jackson, der damals als Weinsteward an Bord arbeitete. Hinzu kam, dass es auch zwischen den Passagieren Spannungen gab: „Die Deutschen saßen auf der Backbord- und die Engländer auf der Steuerbord-Seite. Sie haben nicht miteinander gesprochen und nur auf den anderen geschimpft. Das änderte sich erst, als in Southampton 36 Franzosen zustiegen. Auf einmal waren sich die

Frühschoppen auf hoher See: Für Larry Jackson die Gelegenheit, mit den Gästen einmal anzustoßen.

Deutschen und Briten einig", beobachtete der Afrikaner die Schwierigkeiten internationaler Verständigung.

Ganze 14 Tage brauchte die Astor für die Fahrt von England nach Kapstadt. Nur einen Zwischenstopp gab es damals in Las Palmas auf Gran Canaria. Für acht Stunden machte dort das Linienschiff fest. Zwei Wochen Fahrt, das war eine lange Zeit für eine Strecke, die ein modernes Flugzeug in gut zwölf Stunden zurücklegen konnte. Und trotzdem wurde der stählerne Schiffsriese bei seiner ersten Ankunft am Kap wie ein Star gefeiert. „Wir hatten den ganzen Poolbereich am Heck mit Palmen geschmückt. An Land dann fast das gleiche Bild wie bei der Abfahrt in Hamburg. Überall standen an den Piers die Menschen, um uns zu empfangen. Der damalige Präsident Südafrikas, Pieter Willem Botha, kam an Bord um uns zu begrüßen." Aber auch dem Führer des damaligen Apartheid-Regimes wird der Spaß an dem einzigen Passagierschiff unter der Flagge seines Landes schnell vergangen sein. „Zeit ist Geld" lautete inzwischen das Motto auch bei den Reisenden. Die Astor war einfach auf ihrem Weg von der Alten Welt zum Schwarzen Kontinent zu langsam. Also besannen sich die Besitzer in Südafrika der eigentlichen Aufgabe, für die „die schöne Hamburgerin"

Eine Anzeige für die MS Astor aus Südafrika.

einst gebaut wurde: Sie veranstalteten Kreuzfahrten. Eine Entscheidung, die die Matrosen auf der Astor freute. Bei den wenigen Stunden, die das Schiff im Liniendienst in Southampton, Las Palmas oder Kapstadt lag, gab es kaum Gelegenheit für Landgänge.

Aber auch die Reisen mit zahlungskräftigen und erlebnishungrigen Urlaubern warfen bald Probleme auf. „In Skandinavien wollten die Menschen aus politischen Gründen nichts mit einem Schiff aus Südafrika zu tun haben", berichtet Larry Jackson von so manchem kühlen Empfang im hohen Norden. Es war noch nicht einmal ein offizieller Boykott der Regierung: „In Norwegen weigerten sich zum Beispiel die Busfahrer, unsere Passagiere auf Ausflüge mitzunehmen."

Die Konsequenz war, dass bald die Flagge Liberias am Mast wehte. Aber schließlich waren die Südafrikaner doch froh, dass sie die Astor über Umwege im April 1985 an die damalige DDR verkaufen konnten. Larry Jackson fand sich in einem Hotel in Kapstadt mit der Hoffnung wieder, dass im Auftrag Südafrikas eine neue Astor in der Werft von Kiel entstand. Eine entsprechende Bestellung wurde eine Woche vor der Bekanntgabe des Verkaufs an Ost-Berlin unterschrieben.

„Neptun hatte mich gebissen", sagt der Direktor des schwimmenden Hotels und lacht. Er wollte unbedingt wieder auf ein Schiff. Und es sollte die Astor sein. Die ganze Sache hatte nur einen Haken: „Wir mussten den Flug nach Deutschland aus eigener Tasche bezahlen". Eine teure Angelegenheit. Die Familie Jackson hatte das Geld dafür nicht auf der hohen Kante liegen: „Ich bin schließlich mit meiner Mutter an drei Tagen in der Woche auf den Green Market Square gegangen, einen berühmten Flohmarkt in Kapstadt. Wir haben nicht nur meine ganzen Souvenirs, sondern alles, was wir entbehren konnten verkauft, damit ich mir die Reise leisten konnte." Und diese Reise nach Deutschland brachte Jackson eine neue Erfahrung: „Es war der kälteste Winter seit Jahren in Kiel. Überall nur Eis und Schnee". Am 31. Januar 1987 legte die neue Astor schließlich ab – in Richtung warmer Gefilde. Die Jungfernfahrt ging über Genua nach Südamerika und in die Karibik.

Wegen der Probleme mit der alten Astor hatten die Südafrikaner erst gar nicht versucht, auf dem neuen Luxusdampfer ihre eigene Fahne zu hissen. Sie fuhren unter der Flagge von Mauritius mit dem Heimathafen Port Luis. „Etwa 50 Prozent der Beatzungsmitglieder kamen auch aus Mauritius", berichtet Jackson. Er selbst stieg vom Barkeeper zum Schiffsteward auf. Aber sein Job war nicht so sicher wie der Seefahrer dachte. Bereits ein Jahr nach der Premierenreise, im Februar 1988, wird bekannt, dass die Astor ausgerechnet an die Sowjetunion verkauft wurde. Im Oktober desselben Jahres

Die Karriere von Larry Jackson begann als Weinsteward auf der ersten MS Astor, der heutigen Astoria. Heute ist er der Hoteldirektor auf seinem ganz persönlichen Traumschiff.

wird der weiße Riese schließlich unter dem neuen Namen Fedor Dostojevski übergeben. „Wir hatten damals zwei Gangways angelegt. Auf der einen gingen die Südafrikaner von Bord, auf der anderen kamen die Sowjets an Bord", beschreibt Larry Jackson die zumindest in den Augen der Besatzung „feindliche Übernahme".

Von der Seefahrt konnte er aber nicht mehr lassen. Seine neue Heimat wurden Kreuzfahrtschiffe wie die World Discovery oder die Columbus Caravelle. Er leitete den Service auf der legendären Yacht Lady Moura, die einem Scheich aus Saudi-Arabien gehört: „Ein unbeschreiblicher Luxus mit Gold und Marmor. Die Familie zählte sieben Personen und wir hatten 67 Besatzungsmitglieder. Das war aber nichts für mich." Also ging es wieder zurück zu schwimmenden Urlaubsinseln wie etwa der MS Calypso. Ende 2001 klingelte dann bei Jackson unerwartet das Telefon. Am anderen Ende war der Geschäftsführer des Reiseveranstalters Transocean Tours: „Peter Waehnert sagte mir, sie hätten die alte Astor unter Vertrag genommen. Das sei allerdings noch alles geheim. Er fragte mich, ob ich dort als Hoteldirektor arbeiten wollte. Und ob ich wollte. Für mich hat sich damit ein Kreis geschlossen. Ich bin wieder auf dem Schiff, auf dem für mich alles begann."

Jackson blickt sich in der Bar, dem Captain's Club, um, ein wenig stolz ist sein Blick und auch ein wenig nachdenklich. Er zieht an seiner Zigarette und sagt entschlossen: „Das ist mein letztes Schiff. Ich kenne es wie den Rücken meiner Hand." So lang wie möglich möchte er auf der Astoria, wie die alte Astor inzwischen heißt, über die Ozeane fahren. Als Hoteldirektor auf ein anderes Schiff zu wechseln, kann Larry Jackson sich allerdings nicht mehr vorstellen: „Wir sind wie eine große Familie. Nicht nur die Mannschaft, auch mit den Passagieren. Viele Stammgäste sind dabei, die wir regelmäßig irgendwo auf der Welt wieder treffen. Wir kennen ihre Wünsche, ihre Sorgen und ein Stück von ihrem Leben." Und es ist eine Familie die trotzdem ständig Zuwachs bekommt. Neue Kollegen lösen die alten ab, neue Gäste mischen sich unter die erfahrenen „Fahrensleute".

Inzwischen hat der Mann, den Neptun gebissen hat, einen „Coffee-Shop und Tante-Emma-Laden" in Kapstadt gekauft. In Indien hat der Hoteldirektor davon erfahren, dass der Laden, der seit 1905 besteht und in dem schon seine Oma gekauft hatte, zu haben war: „Wir haben die Verträge dann per Fax abgeschlossen". Sechs Menschen arbeiten dort. Und wenn Larry Jackson nicht da ist – was natürlich meist der Fall ist – führt seine Cousine die Geschäfte. Einmal im Monat schreibt er der Frau einen langen Brief. Seine Cousine hat sie alle gesammelt – die großen und auch die kleinen Abenteuer des Larry Jackson. Und es kommen immer wieder neue dazu.

MS Arkona: Die Reise in die DDR und wieder zurück

Vor der ersten Kreuzfahrt mit westlichen Passagieren unter DDR-Flagge wurde die MS Arkona 1986 bei HDW in Kiel hübsch gemacht.

Hamburger Taxifahrer sollen angeblich nicht so redselig sein wie zum Beispiel ihre Berliner Kollegen, dafür aber genau so gerne zu schimpfen. Dieser, der seinen Fahrgast am Hauptbahnhof der Hansestadt aufgenommen hatte und zum Hafen bringen sollte, machte darin keine Ausnahme. Er schimpfte darüber, dass der einstige schwimmende Botschafter seiner Heimatstadt, die MS Astor, nun „in die Zone" gehen sollte. Man schrieb den 29. August 1985. Der Fahrgast in dem Taxi

Spaß auch bei stürmischer See. Mehr Freude als an Land vermutet wurde hatte die Besatzung der MS Arkona zu DDR-Zeiten.

hieß Alfred Strauch, Chef des Flottenbereichs Asien-Amerika der Deutschen Seereederei. Er war gekommen, die schöne Hamburgerin nach Rostock zu holen.

Der Auftrag, wieder ein Kreuzfahrtschiff unter der DDR-Flagge über die Weltmeere fahren zu lassen, wurde von höchster Stelle erteilt. Der Vorsitzende der Gewerkschaft FDGB, Harry Tisch, machte sich im Politbüro dafür stark. Ost-Berlin brauchte einen Ersatz für die in die Jahre gekommene MS Völkerfreundschaft, deren sanitäre Einrichtungen unter anderem mit Gemeinschaftsduschen nicht mehr zeitgemäß waren. Mit einem eigenen Neubau hatte die DDR schlechte Erfahrungen gemacht. Die 1961 in Dienst gestellte MS Fritz Heckert wurde bereits neun Jahre später aus dem Verkehr gezogen. Die modernen Gasturbinen erwiesen sich als zu anfällig und damit auch zu kostspielig. Die Heckert ging als Hotelschiff in Stralsund vor Anker. Also wurde Alexander Schalck-Golodkowski, Staatssekretär im Ministerium für Außenhandel und oberster Devisenbeschaffer, beauftragt, sich im Westen nach einem neuen schwimmenden Hotel umzusehen. Schalck-Golodkowski wurde schließlich bei einem Schiffs-Broker in Hamburg fündig. Der bot ihm die MS Astor an. Das Schiff war in den Augen der Deutschen Seereederei ideal. Das Schiff konnte mit günstigen Krediten für den innerdeutschen Handel finanziert werden. Es hatte nur einen kleinen Schandfleck. Das Schiff gehörte einer Reederei in Südafrika.

Undenkbar, dass sich die Deutsche Demokratische Republik, die sich den Sozialismus auf ihre Fahnen geschrieben hatte, offiziell ein Geschäft mit dem damaligen südafrikanischen Apartheid-Regime machen würden. Also griffen die Geschäftspartner zu einem Trick. Das Schiff wurde in Hamburg von der bundesrepublikanischen Deutsch-West-Afrika-Linie mit Heimathafen Kiel übernommen, die das schwimmende Luxushotel dann an die Deutsche Seereederei Rostock übergab. Das geschah an jenem denkwürdigen 29. August 1985. „Die ganze Zeremonie hat nicht mehr als zwei Stunden gedauert“, erinnert sich Alfred Strauch. Von der heutigen Zeit aus betrachtet hat der damalige Akt von Selbstbetrug sicherlich eine komödiantische Seite,

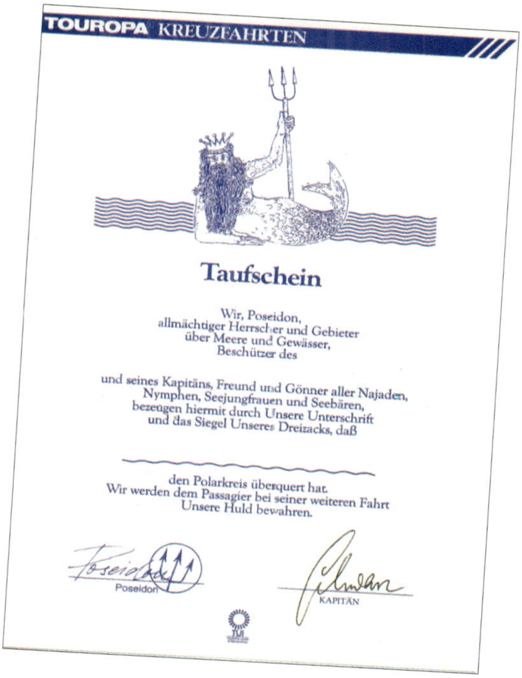

TOUROPA KREUZFAHRTEN

Taufschein

Wir, Poseidon,
allmächtiger Herrscher und Gebieter
über Meere und Gewässer,
Beschützer des

und seines Kapitäns, Freund und Gönner aller Najaden,
Nymphen, Seejungfrauen und Seebären,
bezeugen hiermit durch Unsere Unterschrift
und das Siegel Unseres Dreizacks, daß

den Polarkreis überquert hat.
Wir werden dem Passagier bei seiner weiteren Fahrt
Unsere Huld bewahren.

Poseidon — Kapitän

TUI

Die Poseidon-Taufe für die Überquerung des Polarkreises. Im Sommer wurde die MS Arkona von der bundesdeutschen Reisegesellschaft Touropa, einer Tochter der TUI, eingesetzt.

damals nahm man die Übergaben aber sehr ernst. Alfred Strauch: „Es war schon feierlich. Der südafrikani-

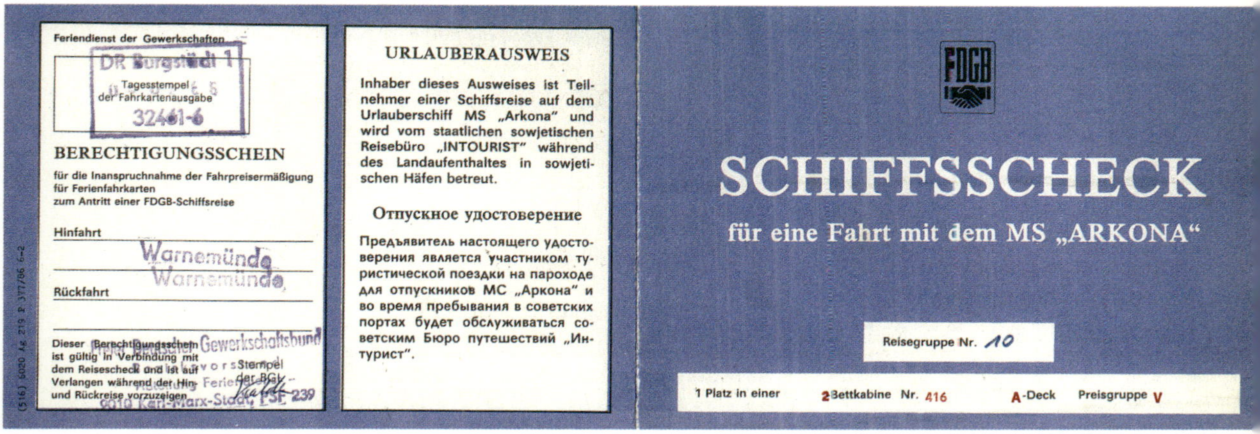

Feriendienst der Gewerkschaften

DR Burgstädt 1

Tagesstempel der Fahrkartenausgabe

32461-6

BERECHTIGUNGSSCHEIN

für die Inanspruchnahme der Fahrpreisermäßigung für Ferienfahrkarten zum Antritt einer FDGB-Schiffsreise

Hinfahrt: Warnemünde

Rückfahrt: Warnemünde

Dieser Berechtigungsschein ist gültig in Verbindung mit dem Reisescheck und ist auf Verlangen während der Hin- und Rückreise vorzuzeigen

Stempel der BGL

Freier Deutscher Gewerkschaftsbund – Abteilung Feriendienst – 9010 Karl-Marx-Stadt, PSF 239

(516) 5020 Ag 219 P 377/86 6-2

URLAUBERAUSWEIS

Inhaber dieses Ausweises ist Teilnehmer einer Schiffsreise auf dem Urlauberschiff MS „Arkona“ und wird vom staatlichen sowjetischen Reisebüro „INTOURIST“ während des Landaufenthaltes in sowjetischen Häfen betreut.

Отпускное удостоверение

Предъявитель настоящего удостоверения является участником туристической поездки на пароходе для отпускников МС „Аркона“ и во время пребывания в советских портах будет обслуживаться советским Бюро путешествий „Интурист“.

FDGB

SCHIFFSSCHECK

für eine Fahrt mit dem MS „ARKONA“

Reisegruppe Nr. 10

1 Platz in einer 2 Bettkabine Nr. 416 A-Deck Preisgruppe V

Nur ausgesuchte Bürger der DDR hatten die Gelegenheit, mit der MS Arkona in See zu stechen. Sie erhielten einen Berechtigungsschein.

Deutsche Gemütlichkeit an Bord der MS Arkona. Ein Bild aus einem Prospekt, mit dem der FDGB das Schiff angepriesen hat.

sche Kapitän war damals noch an Bord. Es wurden auch die Hymnen der beteiligten Länder gespielt. Es gab Champagner und, wie man heute sagt, Fingerfood. Viele Vertreter von Banken waren anwesend."

Als die letzte Hymne - die der DDR - verklungen war, trug die MS Astor ihren neuen Namen MS Arkona. Einen Monat lang dauerten die Umbauarbeiten im Kabinen- und Crewbereich bei der HDW-Werft in Hamburg, bevor das neue Flaggschiff der DDR sich am 29. September 1985 auf den Weg nach Rostock machte. In der Bundesrepublik wurde der Verkauf des „Traumschiffs" als Niederlage betrachtet, in der DDR aber nie als Sieg gefeiert. „Die MS Astor war kein Mittel der Propaganda", versichert Alfred Strauch. Es hätte auch gar nicht in die Zeit gepasst. Die Politiker in West und Ost setzten auf Annäherung. Während das Geschäft mit der MS Astor abgewickelt wurde, sprach sich der damalige Bundestagsabgeordnete Gerhard Schröder in Ostberlin für die Anerkennung der DDR-Staatsbürgerschaft aus. Die Bundesregierung übernahm die Kosten für die Erneuerung der Transitstrecken. Erich Honecker versicherte seinem Gast Willy Brandt, selbst nichts von dem Kanzleramts-Spion Günther Guillaume gewusst zu haben und mit William Borm von der FDP erhielt in Leipzig der erste bundesdeutsche Politiker die Ehrendoktorwürde einer Universität der DDR.

Und so ist es auch zu verstehen, dass die DDR mit ihrer neuen Arkona sozusagen gleich zwei Fliegen mit einer Klappe schlagen wollte. Einerseits sollte eine Reise auf dem Schiff die Belohnung für verdiente Kollegen in den Betrieben sein. Andererseits konnte das Schiff mit Seereisen für westliche Passagiere dringend benötigte Devisen einfahren.

Am 15. Oktober 1985 stach die MS Arkona erst einmal im Auftrag des Gewerkschaftsbundes FDGB in See. Eine der ersten Stewardessen zur DDR-Zeit an Bord war Petra Fischer.

Reiseexperten in der Bundesrepublik versuchten, auf dem DDR-Schiff Arkona ein Haar in der Suppe zu finden. Die meisten kehrten begeistert von dem Service zurück. Die Abendessen standen zum Teil unter einem bestimmten Motto. Das Bild entstand kurz bevor der erste Passagier zum Sachsen-Abend kam.

Die damals 20jährige hatte im Ministerrats-Heim in Leipzig gelernt: „Deshalb musste ich wohl nicht groß überprüft werden." Als sie der Arkona in Warnemünde zum ersten Mal begegnete, „war ich überwältigt". Petra Fischer war sich - wie alle ihre Kollegen auch - bewusst, auf dem Aushängeschild der DDR zu arbeiten. Zunächst war erst einmal alles neu: „Wir hatten keine Erfahrung mit der Arbeit auf einem Schiff. Wir kannten die Kassen nicht. Auch die Organisation der zwei Tischzeiten an Bord, weil nicht alle Passagiere auf einmal im Restaurant Platz hatten, war uns fremd." Die Mannschaft bekam die Anfangsprobleme schnell in den Griff. „Wir hatten schließlich das beste Personal, das es in der DDR gab, angeheuert", so Alfred Strauch.

Petra Fischer merkte aber gleich auf ihrer ersten Reise nach Kuba, dass sich die Arbeit auf einem Schiff von einer Tätigkeit am Land dramatisch unterscheiden kann: „Wir gerieten in einen Sturm. Das Schiff be-

Die Stewardessen und Stewards bei der morgendlichen Besprechung, bevor die ersten Passagiere zum Frühstück kommen.

kam eine Neigung von 45 Grad. Alle dachten: Wir schaffen es – oder wir schaffen es nicht. In Warnemünde haben sie wohl einige Zeit lang gedacht, wir seien untergegangen." Der Vorfall wurde von westdeutschen Boulevardblättern hochgespielt. Alfred Strauch, der den Vorfall später untersucht hat, glaubt nicht, dass die Passagiere und die Besatzung jemals in Gefahr waren. Die Hauptmaschinen seien für wenige Minuten ausgefallen. Das Schiff habe dadurch quer zur See gestanden. So etwas passiere immer wieder mal.

Die MS Arkona führte sie zusammen: Petra und Jörg Fischer.

Neben der Reise nach Kuba, von Warnemünde über die Azoren, bot der FDGB damals auch noch Kreuzfahrten auf der Ostsee an. Bei der Zusammensetzung der Passagiere gab es, so Petra Fischer, große Unterschiede: „Auf der Ostsee, wo nur sozialistische Staaten angelaufen wurden, kamen meist Ehepaare an Bord. Auf den Reisen nach Kuba waren es meist nur Einzelreisende." Wenn der geliebte Partner zu Hause bleiben musste, sei die Gefahr einer Republikflucht von den Verantwortlichen als geringer eingeschätzt worden, glaubt Petra Fischer die Gründe zu durchschauen.

Trotzdem nutzten die Passagiere der Arkona die Reise, die sie zu einem mehr oder weniger symbolischen Preis antreten durften, dazu,

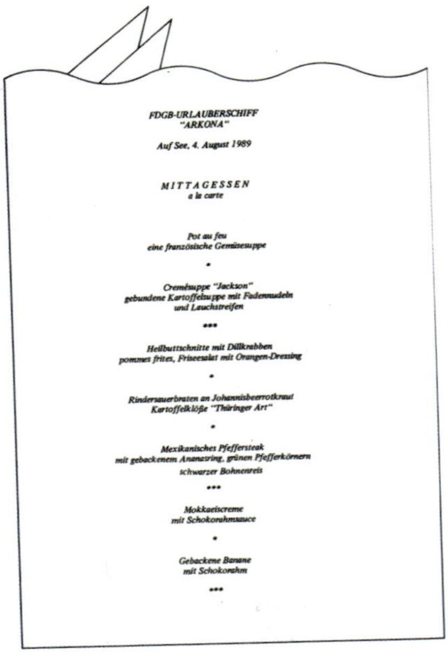

FDGB-URLAUBERSCHIFF
"ARKONA"

Auf See, 4. August 1989

MITTAGESSEN
a la carte

Pot au feu
eine französische Gemüsesuppe

•

Cremésuppe "Jackson"
gebundene Kartoffelsuppe mit Fadennudeln
und Lauchstreifen

•••

Heilbuttschnitte mit Dillkrabben
pommes frites, Friseesalat mit Orangen-Dressing

•

Rindersauerbraten an Johannisbeerrotkraut
Kartoffelklöße "Thüringer Art"

•

Mexikanisches Pfeffersteak
mit gebackenem Ananasring, grünen Pfefferkörnern
schwarzer Bohnenreis

•••

Mokkaeiscreme
mit Schokorahmsauce

•

Gebackene Banane
mit Schokorahm

•••

Eine Speisekarte für Passagiere aus der DDR. Sie war wesentlich kleiner als für westliche Gäste, aber doch so abwechslungsreich wie bei heutigen Kreuzfahrten.

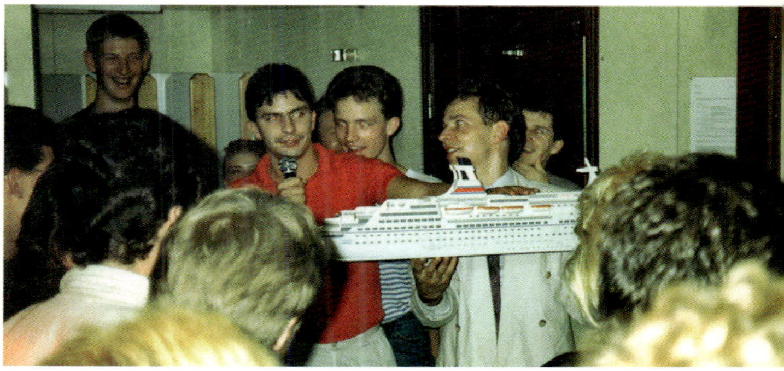

Die Zeit für die DDR war abgelaufen. Ausgelassen versteigerten die Besatzungsmitglieder auf der MS Arkona, die vor einer ungewissen Zukunft standen, unter Deck Erinnerungen an ihr Schiff, das bald nicht mehr das Aushängeschild der FDGB-Reisen sein konnte.

der DDR den Rücken zu kehren. Die Organisation des FDGB hatte nämlich einen Schwachpunkt. Die Passagiere wurden auf Kuba ausgetauscht. Die einen kehrten mit dem Flugzeug in die Heimat zurück, die anderen wurden mit den Jets zu der Karibikinsel gebracht. Allerdings schafften die Maschinen der staatlichen Gesellschaft Interflug die weite Reise nicht mit nur einer Tankfüllung. Und deshalb musste auf dem Hin- und Rückflug ein Stopp in Kanada eingelegt werden. Dort konnten die Fluggäste die Maschine verlassen und einfach zum nächsten Grenzbeamten gehen, um politisches Asyl zu beantragen. Wie viele Menschen so das Land verlassen haben, geht aus keiner Statistik hervor. Alfred Strauch hat selbst einen solchen Fall erlebt: „Wir standen in Gander auf Neufundland und mussten erst einmal warten, bis das Gepäck von denjenigen ausgeladen wurde, die nicht mehr mitkommen wollten. Solche Vorfälle waren auch gar nicht zu vermeiden. Schließlich setzten die Menschen sogar ihr Leben aufs Spiel, um die DDR zu verlassen."

Nicht nur die Passagiere nutzten die Arkona als Tor in den Westen. Auch Mitglieder der Besatzung verabschiedeten sich so von dem Leben in der DDR. „Einmal", so erinnert sich Petra Fischer, „sind gleich fünf Kollegen aus dem Restaurantbereich in Kiel verschwunden. Danach wurde aber nur in einer kleinen Versammlung gefragt, ob einer von uns vorher von den Plänen gewusst hatte. Dann ging das Leben weiter und wir haben uns geär-

Ein Kofferanhänger der Reederei in Rostock.

gert, dass wir die Arbeit der Kollegen übernehmen mussten.“

Für Petra Fischer hat die Arkona auch noch privates Glück gebracht. Sie hat ihren Mann Jörg auf dem Schiff getroffen. Der gelernte Kellner war erst gar nicht davon begeistert, als ihm die Stelle auf dem FDGB-Schiff nach seiner Militärzeit angeboten wurde: „Man hörte an Land die schlimmsten Dinge. Da gebe es die Stasi, die alle bespitzeln würde, man müsste nur Messing putzen und solche Sachen.“ Umso mehr war der Steward dann von einer Arbeitsatmosphäre überrascht, die ihm „die schönste Zeit in meinem Berufsleben“ bescherte.

Doch erst einmal gab es für Jörg Fischer einen Kulturschock: „Hamburg war damals der erste westliche Hafen, in dem ich an Land gegangen bin. Natürlich haben wir Männer uns die Reeperbahn und die Herbertstraße nicht entgehen lassen. Und da standen die ganzen schönen Frauen, die sich für Geld anboten. Ich konnte das nicht verstehen.“ Und noch etwas anderes überraschte den jungen Mann: „Ein Passagier drückte mir einen Hundertmarkschein in die Hand. Ich dachte, der muss sich doch vertan haben.“ Die harte Westmark war natürlich ein willkommenes Zubrot für die Mannschaft aus der DDR: „Wir durften das Geld behalten. Es wurde allerdings erst einmal alles in einen Topf geworfen und dann nach einem bestimmten Schlüssel aufgeteilt. So bekamen zum Beispiel Anfänger erst einmal einen halben Anteil.“ Zwischen 400 und 800 Mark kamen so pro einwöchiger Reise und Person zusammen. Fischer kann sich noch erinnern, wie er sein erstes Westgeld investierte: „Ich habe mir in Hamburg eine Digitaluhr mit Taschenrechner für 9,95 DM gekauft. Die hat natürlich dann nur ein Jahr gehalten.“

Die Arkona fuhr damals drei Monate im Jahr für westliche Reisegesellschaften – den Rest für den FDGB. Es gab durchaus Unterschiede: „Bei den FDGB-Fahrten haben wir zum Beispiel nur Weine aus dem Ost-

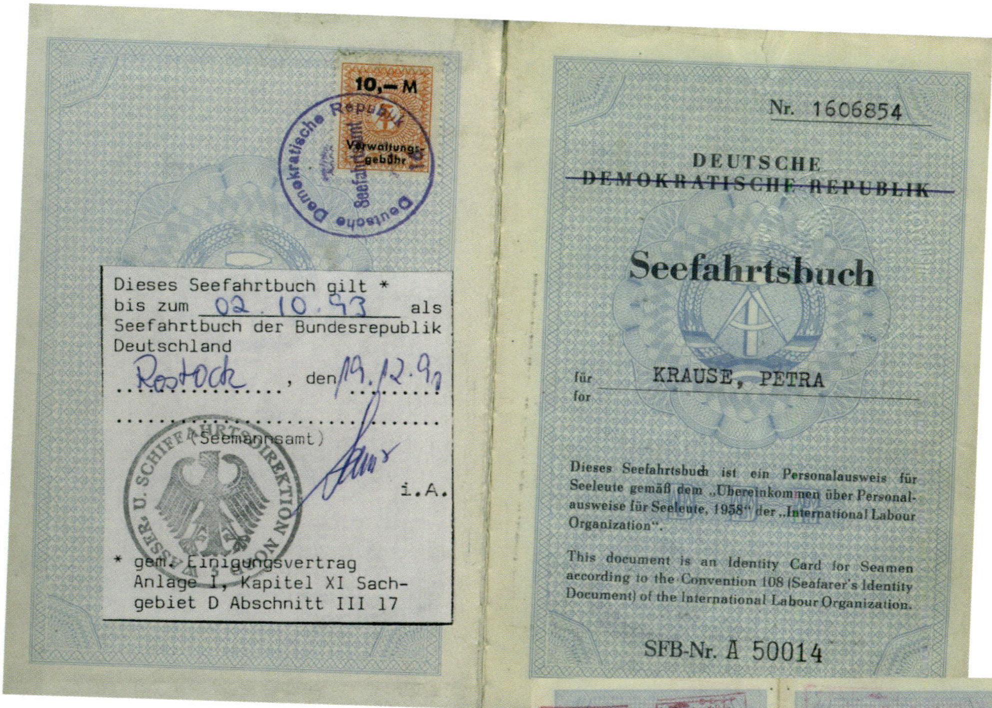

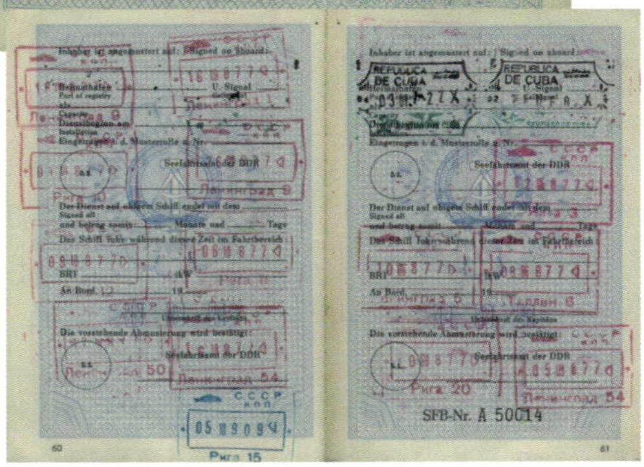

Das Seefahrtbuch von Petra Krause, heute Fischer. Es zeigt, wie sich die Welt für die MS Arkona verändert hat. Es wurde noch von den DDR-Behörden ausgestellt. Nach der Wende prangt der bundesdeutsche Adler auf der Genehmigung und die „demokratische Republik" wurde einfach durchgestrichen.

block angeboten, sonst gab es ein großes Angebot von Tropfen aus aller Welt. Auch die Auswahl auf den Speisekarten war wesentlich kleiner. Dafür mussten wir zwischen 14 und 16 Stunden am Tag arbeiten, wenn wir Bundesbürger an Bord hatten. Bei den Reisen mit Passagieren aus der DDR reichten acht Stunden für den Service aus." Damals habe das Motto an Bord gelautet: Geht nicht, gibt es nicht.

Man kam sich auch schnell nahe: „Es fanden sich viele Paare an Bord. Die konnten dann auch eine gemeinsame Kabine beantragen. Das war selbst bei gleichgeschlechtlichen Partnern kein Problem. Es wurde nur darauf hingewiesen, dass dies keine Entscheidung nur für eine Woche sein durfte." Fischer erinnerte sich an schöne Partys: „Jeder Geburtstag wurde zum Beispiel gefeiert." Man war jung, man durfte die weite Welt sehen, die den normalen Bürgern der DDR ver-

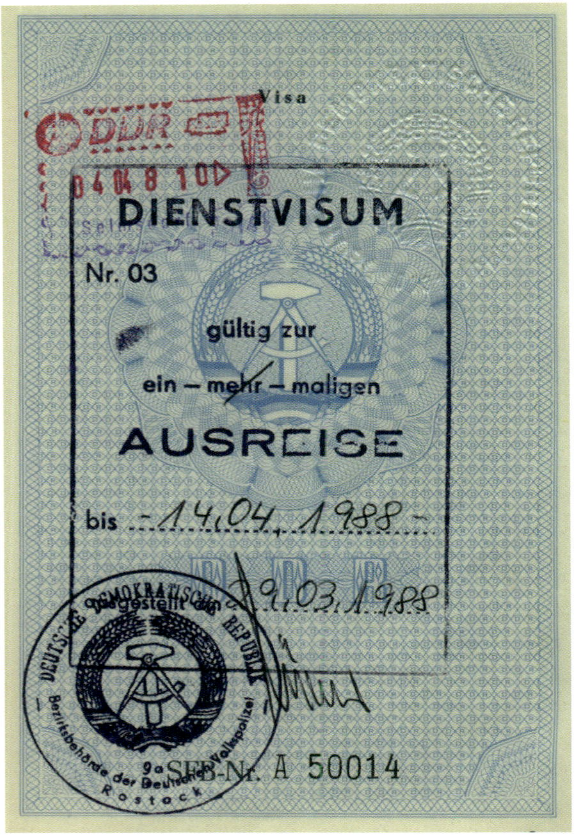

Die Möglichkeit für die DDR-Besatzungsmitglieder, die große weite Welt zu erleben, war das Dienstvisum für die Reise mit der MS Arkona.

schlossen blieb. Und trotzdem habe es keinen Neid gegeben, wenn Fischer mit seinem Koffer voller Aufkleber von exotischen Zielen in die Heimat zurückkehrte und seine Bilder von Stränden unter Palmen zeigte.

Viel Prominenz war damals an Bord. Zum Beispiel die Mannschaften, die bei Weltmeisterschaften und Olympischen Spielen auf dem Treppchen der Sieger standen. Polit-Prominenz machte sich dagegen rar. Fischer: „Es ist ein Gerücht, dass Erich Honecker sich in der Präsidenten-Suite verwöhnen ließ. Wir haben nur Harry Tisch auf dem Schiff gesehen." Und der, so Manager Alfred Strauch, habe auch noch seine Rechnungen bezahlt: „Im Gegensatz zu den Vertretern zum Beispiel der TUI, die wir als unsere Kunden selbstverständlich eingeladen haben."

Dass sich im Osten so langsam die Wende anbahnte, hat der Steward des schwimmenden Hotels erst einmal nur nebenbei mitbekommen: „Wir haben zwar von den Montagsdemos gehört, konnten uns aber nicht viel darunter vorstellen. Ich weiß noch genau, wie ich am 10. November 1989 – einen Tag nach der Maueröffnung – das Schiff in Warnemünde verlassen habe. Im Zug herrschte eine ausgelassene Stimmung, die ich mir zuerst gar nicht erklären konnte. Ein junges Mädchen erzählte mir, sie käme gerade vom Einkaufen in West-Berlin. Da wusste ich, es war etwas passiert."

Aber die Wende brachte die MS Arkona, wie auch die meisten anderen DDR-Unternehmen, schnell in schweres Fahrwasser. Unter Deck versteigerte die Mannschaft Schiffsglocken und -modelle: „Wir glaubten, bald von einer anderen, westlichen Reederei übernommen zu werden. Dann brauchten wir die Sachen doch nicht mehr." Die Besatzung sah eine neue Zeit auf sich zukommen, vor der sie keine Angst hatte: „In Petersburg haben wir den Abschied als DDR-Bür-

Neuer Glanz im Westen: Bei den Formel-eins-Rennen in Monaco war die MS Arkona Hotelschiff und Partymeile für die Gäste des BMW-Williams-Teams.

ger die ganze Nacht hindurch gefeiert. Das hatte einen bestimmten Hintergrund. Während Bundesbürger spätestens um Mitternacht wieder an Bord sein mussten, durften wir aus der DDR die ganze Nacht an Land bleiben. Nun dachten wir, das sei für uns die letzte Gelegenheit."

Auf der Arkona blieben aber immer mehr Kabinen leer. Nur wenige Menschen aus den neuen Bundesländern wollten noch mit dem FDGB in Urlaub fahren. Die Reisekonzerne aus dem Westen konnten nicht schnell genug die Lücke füllen. Ganze Kreuzfahrten wurden damals gestrichen, weil sie sich einfach nicht gelohnt hätten. Strauch: „Wir dachten, die Leute, die bisher keine Gelegenheit hatten, auf das Schiff zu kommen, würden unsere neuen Kunden sein. Aber die flogen lieber nach Mallorca oder Gran Canaria".

Nur mit Gästen aus dem Westen konnte sich die Arkona über Wasser halten. Traudel Thalheim, Journalistin aus Leipzig und Schwester von Alfred Strauch, kann sich noch gut an die Atmosphäre erinnern, als sie kurz nach der Wiedervereinigung der einzige

Die MS Arkona mit dem Heimathafen Rostock aber bereits unter bundesdeutscher Flagge.

Gast aus dem Osten an Bord war: „Die Menschen haben uns angefeindet. Sie haben gesagt, wir müssten doch zu DDR-Zeiten das Spiel der Politiker mitgemacht haben, sonst könnten wir uns die Reise doch nicht leisten. Dabei hatte mir mein Sohn die Kreuzfahrt geschenkt." Und bei dem ersten Ausflug zu westlichen Urlaubsträumen musste Traudel Thalheim dann auch feststellen, dass man sich selbst mit der harten D-Mark nicht alles kaufen konnten: „Wir gingen in Malaga an Land und ich hatte mir in einem Laden einen dieser typischen Fächer ausgesucht. Mit dem DDR-Geld hätte ich mir im Ausland noch nicht mal eine Schachtel Streichhölzer kaufen können. Nun hatte ich meine ersten D-Mark-Scheine in der Tasche. Doch die wollten mein Geld nicht, sondern Peseten. Ich konnte das im ersten Augenblick überhaupt nicht verstehen.“

Die Zeiten für die Arkona wurden schnell besser. Der alte Glanz kehrte zurück. So war das Schiff regelmäßiger Gast bei den Formel-1-Rennen in Monaco, als Luxus-Herberge für prominente Sportsfreunde. Über dem Swimmingpool schwebte damals sogar ein Formel-1-Renner von BMW-Williams. Promis wie Sabrina Setlur oder Martin Semmelrogge ließen es sich gut gehen. Doch bei Seetours, unter dessen Flagge die Arkona nun kreuzte, fiel der klassische Kreuzfahrer allmählich in Ungnade. Man setzte auf Clubschiffe und wollte den traditionsreichen Seefahrer loswerden. So klang es bei einem Martinsgans-Essen im Jahre 2000 durch, zu dem sich alle großen deutschen Seereisen-Veranstalter in Bad Homburg getroffen hatten. Mit dabei: Peter Waehnert, Chef von Transocean-Tours in Bremen: „Als das Gespräch auf die Arkona kam, merkte ich, dass plötzlich das Thema gewechselt wurde. Das ist in Geschäftskreisen das sichere Zeichen dafür, dass Interesse von unterschiedlichen Seiten besteht. Wir hatten damals bereits die Astor II unter Vertrag. Eine Marketing-Studie für unser Haus hatte ergeben, dass wir ein zweites Hochseeschiff brauchten. Am besten noch eine Astor, schlugen uns die Berater vor. Und da war plötzlich die Gelegenheit, diesen Wunsch zu realisieren. Wir mussten nur schneller als die anderen Interessenten sein. Ich hatte das Glück, dass ich am nächsten Morgen ein wenig eher als alle anderen aufgestanden war. Vor dem Hotel warteten zufällig neben mir die Verantwortlichen von Seetours genauso auf ein Taxi wie ich. Wir kamen ins Gespräch. Und da habe ich zugegriffen.“

Am 20. Februar 2002 erhielt die Arkona in Nizza ihren neuen Namen: MS Astoria. Die beiden Schwestern – die Astor und die Astoria – waren zum ersten Mal in ihrer Geschichte vereint.

Nebenbei bemerkt …

… gibt es inzwischen wieder ein Schiff unter dem Namen MS Arkona. Am 3. April 2005 wurde in Stralsund ein Multifunktionsschiff auf den Namen getauft. Die 40 Millionen Euro teure neue Arkona kann als Eisbrecher, Tonnenleger und für die Schadstoff-, Unfall- sowie Brandbekämpfung eingesetzt werden. Das Schiff steht im Dienst des Wasser- und Schifffahrtsamtes (WSA).

Vereinigung der beiden Schwestern

Die Geschwister Hofmann, ein in Deutschland unter Schlagerfreunden sehr bekanntes Duo, taufte die MS Arkona auf den neuen Namen Astoria.

Transocean-Geschäftsführer Peter Waehnert hatte die Idee, die beiden schwimmenden Schwestern zu vereinigen.

Die Astor und die Astoria haben in ihrer Geschichte viele Namen getragen, sie sind unter den unterschiedlichsten Flaggen gefahren, aber eigentlich haben sie niemals ihre Heimat Deutschland verlassen. Es waren immer deutsche Urlauber, die sich an Bord der beiden schwimmenden Schwestern wohl gefühlt haben. Heute tragen sie das Zeichen des Bremer Reiseunternehmens Transocean Tours auf ihren Schornsteinen – einem Unternehmen mit langer Tradition in der Hansestadt.

Das Unternehmen wurde 1954 gegründet. Damals dachte in Deutschland noch niemand an Kreuzfahrten. Transocean transportierte Auswanderer nach Kanada und in die Vereinigten Staaten. Ende der 50er Jahre wurden von der Firma eintausend Passagiere pro Woche für die Reise über den Atlantik abgefertigt. Als immer mehr Menschen das Flugzeug nahmen, um über den großen Teich zu kommen, begannen die Bremer damit Kreuzfahrten anzubieten, um die Arbeitsplätze zu erhalten.

Die Astor, die jüngere der beiden Schwestern kam zu Transocean als ein Konkurrenz-Unternehmen 1977 mit seinem Konzept für das Schiff scheiterte. Die sowjetischen Eigentümer des Kreuzfahrers boten das Schiff den Bremern zur Vermarktung an. Transocean-Chef Peter Waehnert hatte zwar beobachtet, wie der Mitbewerber durch das Schiff Schritt für Schritt tiefer in die Krise geriet, er zögerte aber keinen Augenblick, als er das Angebot erhielt: „Ich wusste genau, welche Fehler gemacht wurden. Die Astor ist ein ausgesprochen schönes und komfortables Schiff. Deshalb haben wir sie unter Vertrag genommen."

Die Astor steuert seitdem auf Erfolgskurs. Sie war so erfolgreich, dass Transocean sich fünf Jahre später entschloss, die ältere Schwester auch noch unter Vollcharter zu nehmen. Die neue Astor, die einst für die Südafrikaner gebaut wurde, bekam 2006 dann zum ersten Mal deutsche Besitzer. Die Münchner Premicon AG in München kauft das Schiff dem bisherigen Eigner, der russischen Sovcomflot, ab. Finanziert wird das Geschäft durch einen geschlossenen Investment-Fond. Es ist das erste Hochseeschiff für das bayerische Unternehmen. Das 1998 gegründete Unternehmen hatte sich zunächst auf die Konzeption und Verwaltung von geschlossenen Fonds im Bereich der Flusskreuzschifffahrt und der Containerschifffahrt spezialisiert. Die Premicon AG besitzt zum Beispiel die Köln-Düsseldorfer Rheinschifffahrt.

Astor und Astoria gehören nach stürmischen Jahren heute zu den erfolgreichsten und rentabelsten Schiffen auf den sieben Weltmeeren.

Die Geschichten von den schwimmenden Schwestern

ASTORIA

Die Passagiere

Eine Seefahrt, die ist lustig: Party mit Animateuren rund um den Pool der MS Astor.

Ein Schiff - das ist eigentlich ein kleines Dorf. Ein Dorf, das immer kleiner wird, je länger die Reise dauert. Irgendwann ist an einem wunderschönen Seetag der Weg vom bequemen Liegestuhl auf dem Sonnendeck zurück zur Kabine nicht mehr so lang wie am Anfang. Nicht, weil der Ozeanriese durch irgendeine rätselhafte Zauberkraft zum Zwerg geschrumpft ist. Wir verlaufen uns einfach nicht mehr. Das Gewirr aus

Gängen am ersten Tag wird zu dem, was es eigentlich ist: Ein logisches System an Verbindungswegen. Man kommt sich auch näher. Der Herr Getränkesteward ist der Peter, die Kabinen-Stewardess die freundliche Natalya, Igor weiß im Restaurant inzwischen, dass wir zum Abendessen immer ein wenig Sauce mehr auf dem Teller mögen. Die Zahl der Menschen, die wir duzen, steigt von Tag zu Tag. Der Nachbar macht sich schon Sorgen, wenn wir eine Minute zu spät zum Essen kommen.

Und wie in jedem anderen kleinen Dorf irgendwo auf dem festen Teil der Erde wird über die anderen Bewohner gesprochen. Seien wir einmal böse und sagen wir: Es wird getratscht. Schließlich reicht das, was wir während unserer Reise an Schönheiten an Land gesehen haben, längst nicht als Gesprächsstoff aus, wenn wir mit einem Drink in der Hand in der Nähe der Poolbar auf das schier endlos erscheinende Meer blicken oder uns die Wartezeit zwischen einem von fünf Gängen beim Abendessen verkürzen wollen. 90 Prozent der Passagiere auf einem Schiff oder sogar noch mehr sind eigentlich ganz normale Menschen wie du und ich. Da diese schweigende Mehrheit für ein Kapitel in einem Buch aber eher langweilig ist, schauen wir uns lieber einmal den Rest an. Natürlich ist jede Ähnlichkeit, zumindest mit lebenden Personen, rein zufällig.

„Der da", mein Nachbar zeigt auf einen grauhaarigen Herrn im Rollstuhl, „der da hat gewonnen, neun Millionen, im Lotto." Ich weiß nicht, ob das stimmt, es würde mich auf jeden Fall für ihn freuen. Elfriede verschafft sich mit ihren beiden Krücken Platz zwischen den Liegestühlen. „Die musst du mal bei der Tanzstunde sehen. Da braucht die keine Krücken mehr. Da wirbelt die die Männer nur so durcheinander", sagt Else. Und tatsächlich: Die Musik des Bordorchesters scheint für Elfriede die beste Therapie zu sein. Leider ist die Heilung nur von kurzer Dauer. Am nächsten Tag - beim Ausflug - muss Elfriede den vordersten Platz im Bus haben. Schließlich kann die Gute so schlecht laufen.

Ursula und Willi haben sich auf einer Kreuzfahrt kennen gelernt. Das war vor anderthalb Jahren. Nun teilen die beiden Kabine und Wohnung daheim. Ursula erzählt wie ihr Mann gestorben ist, wie sie einen neuen Gefährten gefunden hat, der nach nur neun Monaten unheilbar erkrankte. Die nächste Beziehung dauert auch nur anderthalb Jahre und wurde vom Tod geschieden. Besorgt schaut Inge zu ihrem Willi „Er ist auch neun Jahre älter als ich.“ Aber noch rüstig, keine Sorge, Ursula.

Da wird Friedhelm ganz neidisch. Seine Kreuzfahrt-Beziehung ist nach weniger als einem Jahr grade auseinander gegangen. Sie, immer eine Blume im weißblonden Haar, hat ihre Sachen genommen und ist in eine andere Kabine gezogen. Und dabei hatte Friedhelm mit ihr bereits drei weitere Reisen auf stolzen Schiffen gebucht. Daraus wird jetzt nichts.

Hermann sitzt betrübt in der Bar. Bei seinem Anblick fällt mir spontan das schöne Lied „Schütt' die Sorgen in ein Gläschen Wein" ein. Ich setze mich neben ihn und überlege, wie ich ihn aufheitern kann. „Sie hat es getan", murmelt er vor sich hin. Wer ist sie und was hat diese Sie getan? „Meine Astrid war bei einem Vortrag?" Und was ist so schlimm daran, wenn seine Frau sich bildet? „Von wegen Bildung. Da wurde die nächste Weltreise vorgestellt. Sie hat es getan!" Um Gotteswillen, was hat sie denn getan? „Sie hat gebucht, die ganze Weltreise, mehr als 120 Tage!" Und dabei hat Astrid ihrem Hermann doch so fest versprochen, dass es im nächsten Winter in den Skiurlaub geht. Aber, das ist doch nicht schlimm, die nächste Weltreise der Astor geht doch auch in die Antarktis, übrigens mein Traumziel, weil ich noch nie so weit im Süden war. Und da gibt es jede Menge Schnee und Eis. Hermann hebt sein gesenktes Haupt: „Ehrlich?" Großes Indianer-Ehrenwort. Hermann bestellt wieder – mit sich, der Welt und Astrid versöhnt – einen Whiskey: „Aber mit Eis!". Und während er die Eiswürfel dabei beobachtet, wie sie langsam im Glas schmelzen, rechnet er schon einmal aus, wie viele Frühschoppen ihn auf der nächsten Weltreise an Bord der Astor erwarten: „Und die sind sowieso besser als in Bayern." Alles klar, Hermann.

Natürlich sind es nur wenige Passagiere, die mit der MS Astor auf eine Weltreise gehen. Vielleicht zehn Prozent. Die anderen haben entweder nicht genug Geld oder ihnen sind fünf Monate auf See dann doch zu viel. Man muss schon eine gewisse Reife erreicht haben, um so viel Zeit zu haben. Die anderen fahren nur die eine oder andere Teilstrecke der Reise um die Erde mit. Und denen rate ich, beim packen der Koffer genau aufzupassen. Nein, meine Herren, nicht, ob der Smoking einen Flecken hat. Nein, meine Damen, nicht ob der Schmuck zum Ausschnitt des Kleides passt. Das mag wichtig sein, aber es gibt Sachen, die noch wesentlich bedeutender sind. Zum Beispiel T-Shirts. Damit kann man Eindruck schinden. Ich studiere immer genau die Route, die das Schiff bis zu meinem Einschiffungshafen zurückgelegt hat. Dann schaue ich in meinem Kleiderschrank nach, ob ich von den Häfen das eine oder andere dieser wunderschönen Touristen-Shirts habe.

Wenn sie meiner Anregung folgen, könnten sie zum Beispiel vor Gibraltar ein T-Shirt mit Sydney auf der Brust tragen. Sie werden schnell auf dem Schiff einen Weggefährten treffen, der genau dort eben war und ihnen erzählt, wie schön es dort ist. Obwohl: Eigentlich kann er davon ausgehen, dass sie das wissen müssen, sie waren schließlich schon da, wie sollten sie sonst an das T-Shirt gekommen sein?

Apropos Sydney. Da ist Egon auf der Winterreise ausgestiegen. Egon ist Winzer und hat in der Bordzeitung gelesen, dass die Lieben daheim unter einem rekordverdächtigen Schneefall leiden.

Ruhige Momente auf der MS Astor.

Ein Seetag an Bord zu genießen – wie hier auf der MS Astor - ist Erlebnis und Entspannung zugleich. Schließlich muss sich der Passagier einmal von den vielen unterschiedlichen Eindrücken an Land erholen.

Unser Öchsle-Experte an Bord will seinen Nachbarn nicht zumuten, die weiße Pracht vor seiner Haustür allein zu beseitigen und hat sich entschlossen, seine Erdumrundung zu unterbrechen und erst wieder in Kapstadt an Bord zu kommen. Sein Tischnachbar Rolf glaubt ihm das noch nicht so richtig. „Dem ist seine Alte auf den Wecker gegangen", meint er den richtigen Grund für den Heimaturlaub zu kennen.

Ja, der deutsche Winter lässt einen selbst auf der sonnigen Seite der Erdkugel nicht in Frieden sein Bierchen an der Swimmingpool-Bar in der Sonne genießen. Davon kann auch Fred ein Liedchen singen: „Im vergangenen Jahr hatten wir einen Wasserrohrbruch". Auch damals waren die Hausherren auf der MS Astor, als die bittere Nachricht der treusorgenden Nachbarn sie erreichte. Also hieß es von dem Traum Abschied nehmen und in die raue Wirklichkeit zurückkehren: „Als wir endlich zu Hause waren, da war alles schon wieder repariert. Da haben wir die Koffer gar nicht ausgepackt, sondern sind sofort wieder zum Schiff geflogen."

Dieses Jahr hat Fred ganz andere Probleme. Die dritten Zähne seiner Inge haben die Reise nicht gut überstanden. Das Gebiss ist gebrochen. Ausgerechnet an einem Sonntag – ausgerechnet auf Mauritius. Zwar war es der Besatzung der Astor gelungen, einen Zahnarzt auf der Insel aufzutreiben, der hatte aber keine ganze Arbeit geleistet. Wohl in der Überzeugung, dass er diese Patientin im Leben nicht mehr wieder sehen würde, hat die Reparatur nur zwei Tage gehalten. Zum Glück gibt es da aber noch den russischen Schiffsarzt, der in der Werkzeugkiste der Matrosen einen Spezialkleber entdeckte, der eigentlich nicht für den Einsatz in der Medizin gedacht war. „Jetzt halten Inges Zähne", schwärmt Hans von der gelungenen „Notoperation“ und der östlichen Handwerkskunst. Und wenn Inges Zähne beim nächsten Gala-Dinner doch wieder den Dienst verweigern sollten, „dann gehen wir eben in Kapstadt von Bord, lassen das in Ruhe erledigen und steigen in Mombasa wieder zu.“ Dazwischen liegen nämlich einige Häfen in Schwarzafrika, zu dessen Zahnärzten die beiden kein großes Vertrauen haben. Das sind die Probleme eines Weltenbummlers.

Heimweh haben die beiden nicht. „Früher“, erinnert sich Inge, „hat es schon ein wenig weh getan, wenn die Kinder und Enkel in Deutschland unter dem Tannenbaum saßen oder Silvester feierten und wir Tausende von Kilometern auseinander waren. Aber schließlich kann man sie auch im Sommer in den Arm nehmen.“ Für Inge und Hans ist die Astor bereits zur zweiten Heimat geworden. Sie haben die Welt mit ihr gesehen.

Peter und Carmen haben ihre beiden Kinder mit an Bord genommen. Die halten offensichtlich nichts, aber auch gar nichts, von dem Leben auf hoher See. Mit langen Gesichtern sitzen sie jeden Abend im Restaurant und blicken stur auf ihren Gameboy. Mike, dem Stewart, fällt das auf. Er nimmt sich ein paar Papierservietten und faltet sie so geschickt, dass daraus wunderschöne Rosen werden. Er schenkt sie den Kindern, die ihn verblüfft anschauen. Am nächsten Abend nimmt Mike einen Salzstreuer, steckt in eines der Löcher einen Zahnstocher, verklemmt die Zinken einer Gabel ineinander und lässt sie auf dem spitzen Hölzchen schweben. Am dritten Abend haben die beiden Mädchen ihren Gameboy vergessen. Er ist viel langweiliger als Mike.

Ein Schiff ist wie gesagt ein Dorf, aber eigentlich sind es sogar zwei Dörfer. In einem leben die Passagiere, in dem anderem wohnt Mike mit den anderen Mitgliedern der Besatzung. Die Menschen in den beiden Dörfern sind auf den ersten Blick sehr verschieden. Die einen arbeiten, die anderen lassen sich verwöhnen. Aber die beiden Dörfer haben auch eine Menge gemeinsam. Wer eine Kreuzfahrt bucht, der ist neugierig auf die Welt, er will sich nicht an irgendeinem sonnensicheren Strand auf der Welt braun brennen lassen und sich am Abend in einer Bar vergnügen. Er ist genauso neugierig wie die Offiziere, Matrosen, Stewards und Stewardessen, die ihren Job an Land aufgegeben haben, um in einem schwimmenden Hotel ihr Geld zu verdienen. Man sollte ihnen zuhören, wenn sie von ihrem Leben berichten, denn es ist so manche spannende Geschichte darunter. Es sind die Geschichten von Menschen, für die die Astor oder Astoria ein Zuhause geworden ist, oder von Leuten, die man vielleicht nie wieder auf einem Schiff trifft, weil das Leben und die Arbeit dort nicht zu ihnen passen. Ob sie nun zu der einen oder anderen Kategorie gehören: Die beiden schwimmenden Schwestern haben das Leben dieser Menschen verändert.

Die Crew

Wann sieht man sie mal auf einem Blick? Die komplette Mannschaft der MS Astoria auf einem Foto.

Was unterscheidet den Kellner auf einem Kreuzfahrer von seinem Kollegen im Hotel zur Waldeslust? Vieles, natürlich! Vor allen Dingen hat der Steward auf den schwankenden Planken neben Block und Kugelschreiber immer eins in der Tasche: Eine Kamera! Einfahrt in die Norwegischen Fjorde. Schnell einmal an Deck, 20 Sekunden gestaunt, Kamera raus, klick! Rund ums Kap der guten Hoffnung an der Südspitze Afrikas. Im Morgendunst ist der Fels kaum zu erkennen. Egal, klick! Einfahrt in

Bernd serviert einen Cocktail Astor. Der Österreicher weiß, dass sich ein Zeugnis von einem Kreuzfahrtschiff auch an Land gut macht.

den Hafen von Rio de Janeiro! Lisa, mit der sich Natalya die Kabine teilt, ist gerade auch da. Also Lisa an die Reling stellen und - klick! Mehr Zeit bleibt nicht, die Gäste warten.

Einmal die Welt sehen! Wer träumt nicht davon? Einmal die Welt sehen und dafür bezahlt werden, welcher junge Mensch mit nur ein wenig Fernweh im Blut würde da nicht zumindest überlegen, die Geborgenheit seiner Heimat aufzugeben und einen so spektakulären Schritt ins eigene Leben zu tun? Die Arbeit auf einem Schiff, ein Traumjob? Zuerst einmal: Nicht viele Schiffe gehen, wie die MS Astor, jedes Jahr auf Weltreise. Die meisten fahren überwiegend auf den gleichen Routen oder ab/bis einem bestimmten Hafen, sei es im Mittelmeer oder in der Karibik. Einmal Venedig sehen und dann sterben, ist vielleicht eine Überlegung wert. Nach hundert Mal Venedig überlegt es sich der Mensch, dafür sein Leben zu lassen.

Ein Blick in die Kantine der Offiziere auf der MS Astor.

Der Türke Misak hat es beim vierten Schiff geschafft. Auf einem amerikanischen Kreuzfahrer hat dem Getränke-Steward, dessen Berliner Zungenschlag seinen eigentlichen Geburtsort verrät, das Trinkgeld gefallen, das bereits am ersten Tag reichlich in seine Taschen floss. Auf der MS Astor sind es die Ziele, die ihn an seiner Arbeit reizen: „Es

Mandy kommt daher „wo nur gejammert wird". Sie will nicht dazu gehören.

ist einerseits eine schöne, aber auch eine harte Zeit. Du hast sicherlich mehr Stress als in einem normalen Restaurant." Misak kennt sich aus. Ein Onkel von ihm besitzt mehrere Restaurants in Deutschland, der andere Casinos und Hotels in der Türkei. Die Gastfreundlichkeit und der Erfolg damit liegen sozusagen in der Familie. „Ich bin aber der einzige von uns, der zur See fährt."

Denis aus Steyr in Österreich, mit seinen rötlich blonden Haaren kaum zu übersehen, hat sich schon „immer für Segeln und Schiffe interessiert". Er bedient die Gäste im Restaurant. 7 Uhr morgens ist Dienstantritt für das Frühstück. Um 9.30 Uhr ist das vorbei. Dann wird noch für die nächste Mahlzeit eingedeckt. Ab 11.30 Uhr steht Denis bereit für das Mittagessen. Wenn um 14 Uhr dann auf den Tischen schon wieder alles bereit steht für das Diner, hat er frei. Weiter geht es um 17.30 Uhr mit den Vorbereitungen zum Abendessen. Um 22 Uhr ist Dienstende, wenn Denis nicht noch für den Mitternachtssnack um 23 Uhr eingeteilt ist. Seefahrt macht schließlich hungrig.

Dass es nicht so bleibt, dafür ist Roberto aus Italien zuständig. Der Mann aus der Nähe von Palermo, dem man ansieht, dass ihm das Essen Spaß macht, war früher Chefkoch in einem Restaurant in Hannover. Nun teilt er sich mit zwei weiteren Kollegen eine Kabine und mit 31 anderen Köchen und Helfern die Küchen auf der MS Astor. In den engen Räumen herrsche eigentlich rund um die Uhr keine Ruhe, sagt Roberto. Selbst, wenn alle anderen schlafen, bereitet zumindest der Bäcker Brot und Brötchen für den nächsten Tag vor.

Elena steht hinter der Bar im Captain's Club. Während sie mit der MS Astor auf Weltreise geht, wartet ihr neun Jahre alter Sohn bei den Großeltern auf die Mutter, die in weiter Ferne ihr Geld verdient, weil sie dazu in ihrer Heimat nicht die Chance hat. Elena war früher schon einmal zur See gefahren, aber sie hat eine lange Pause gemacht. Die Ukrainerin bediente die Passagiere der MS Odessa, bis das Schiff in Italien an die Kette genommen wurde, um so Schulden der einst staatlichen russischen Schwarzmeer-Flotte einzutreiben. Als die Passagiere von Bord gegangen waren, wartete Elena darauf, dass ihr schwimmender Arbeitsplatz eine neue Chance bekommt. Sie wartete vergeblich und kehrte traurig wieder nach Odessa zurück. Dorthin, wo sie mit einem Offizier der MS Astor als Nachbarn in einem Hochhaus wohnt und wo sie den einen oder anderen Kapitän eines Kreuzfahrtschiffes auch einmal auf der Straße trifft.

Snejina kommt auch aus der Ukraine. Die junge Frau, die den Passagieren durch ihre langen blonden Haare sofort auffällt, ist als Stewardess für 19 Kabinen des Traumschiffes verantwortlich. Als sie von ihrer letzten Reise in ihr kleines Dorf zurückkehrte, begegnete sie zuerst ihrer besten Freundin, die einen Kinderwagen vor sich her schob. „Ich habe ihr gesagt, das kann doch nicht dein Kind sein. Sie hat mir geantwortet: Snejina, du warst elf Monate fort, für das Baby habe ich nur neun Monate gebraucht." Wenn man so lange unterwegs ist, trifft man in der Heimat ganz andere Menschen wieder, als die, die man verlassen hat.

Mandy ist die Herrin im Beauty-Salon. Die forsche junge Frau kommt aus der Oberlausitz, dicht an der polnischen Grenze. „Dort, wo nur gejammert wird", beschreibt sie selbst ihre Heimat. Mandy hat eigentlich gar keinen Grund, zur See zu fahren. Im Gegenteil: Die Friseurmeisterin ist an Land sehr erfolgreich. Sie besitzt im Osten zwei Geschäfte und inzwischen arbeiten darin sechs Angestellte. Das ganze Jahr die Chefin zu spielen, das kann sich Mandy aber nicht vorstellen: „Mich hat es erwischt. Ich komme nicht mehr davon los", gesteht sie. Erwischt hat Mandy die Seefahrt und das Fernweh. Ein Freund hat ihr einmal eine Anzeige gezeigt, worin eine Hairstylistin auf einem Kreuzfahrer gesucht wurde: „Weil eine Kundin nicht kam, habe ich dort angerufen." Drei Monate später war Mandy auf einem Schiff, „obwohl ich vorher noch nie von zu Hause fort war." Sie hatte eine Aufgabe gefunden, die ihr auch beruflich Spaß macht: „Wenn man an Land einen Salon hat, dann kommen

Viele Besatzungsmitglieder, wie hier die Hilfskräfte in den Küchen der MS Astor bekommt der Passagier nicht zu Gesicht, selbst wenn er eine komplette Weltreise gebucht hat.

Bei der Crewshow – hier auf der MS Astor – merken die Passagiere, welche verborgenen Talente in den einzelnen Besatzungsmitgliedern schlummern.

dort regelmäßig Frau Meier und Frau Schulze vorbei und sie wünschen sich immer die selben Frisuren. Hier haben wir ständig neue Kundinnen, die wir überzeugen können, vielleicht mal etwas anderes auszuprobieren."

Mandy glaubt, dass sie in zwei Welten lebt. Zwei Welten, die sich aber auch annähern. An Land hält Mandy Diavorträge über ihre Reisen. Meist zeigen ihre Bilder schöne Landschaften. Aber am liebsten hat sie die Aufnahmen, die die Menschen in den fernen Ländern zeigen, die so unterschiedlich sind wie die Mutter Erde selbst auf ihren Kontinenten. Die Schaufenster der beiden Friseurgeschäfte an Land zeigen die Erinnerungen der Reisen. Und wenn die Kunden sich die Wartezeit vertreiben wollen, können sie zu einem Kreuzfahrt-Katalog greifen. Mal eine Familie zu gründen, das hat Mandy sich abgeschminkt: „Für die Männer", sagt sie, „bin ich zu selbstbewusst. Erst mögen sie das vielleicht, aber dann wollen sie einen doch formen." Da fährt Mandy doch lieber zur See.

Rund 280 Besatzungsmitglieder aus 21 Ländern - mal ein paar mehr, mal ein paar weniger - braucht die Astor um voran zu kommen und die Passagiere zu verwöhnen. Eine kleine Welt für sich trifft sich an der Crewbar im Bauch des Schiffes, wo nach Feierabend diskutiert, geflirtet, gelacht und sicherlich auch der eine oder andere Scherz über die Gäste da oben gemacht wird. Ein wenig Partystimmung darf sein. Aber bitte nicht so laut, dass sich die Passagiere beschweren. Schließlich sind die Wände auf einem Schiff hellhörig. Die Offiziersmesse ist vom Mannschaftraum getrennt. Damit es nicht heißt: Der Chef hört mit.

Irgendwie erkennt auch der Passagier, der zum ersten Mal an Bord geht, dass es auf einem Schiff eine bestimmte Hierarchie gibt. Da sind die einfachen Leute, die sich nur den Vornamen auf dem Schild an ihrer Weste leisten können. Dann kommen die, die sich mit Vor- und Nachnamen und ihrer Funktion zu erkennen geben. Freddie Bürger - Gentleman Host, zum Beispiel. Also ein Mann, der alleinreisenden Damen ein charmanter Gesprächs- oder Tanzpartner sein soll. Oder Tatjana und Benjamin Becker - Tango-Tanzpaar. Prangt dann das Namensschild auf einer blauen Uniformjacke mit Streifen am Ärmel, dann wird es noch wichtiger, je mehr Streifen halt zu sehen sind.

Bis dahin dauert es eine Weile, wenn ein neuer Kollege mit einem Kopf voller Träume zum ersten Mal an Bord geht. Er verzichtet in diesem Augenblick auf viel. Er tauscht in dem einen Fall sein Zimmer mit Alpenblick bei einem Job in den Bergen gegen eine winzige Kabine, in der es auch nicht die geringste Chance gibt, einen Sonnenstrahl zu erhaschen. Der Bettnachbar ist nur in den seltensten Fällen auf dem ersten Blick der Typ, mit dem man an Bord schnell Freundschaft schließen möchte. Die Geborgenheit der Familie wird in den ersten Tagen durch die Isolation eingetauscht. Zum ersten Frust kommt dann vielleicht auch noch eine überraschende Erkenntnis, dass auf einem schwankenden Schiff ein Stapel Teller nach einiger Zeit zwar noch dort stehen kann, wo man ihn abgestellt hat - aber nicht muss. Das Geschirr kann, wenn man es aus den Augen verliert, längst zum Scherbengericht geworden sein, für das der Kellner dann auch noch aus eigener Tasche zahlen darf.

Das Leben an Bord ist eben geregelt. „Du musst immer fragen, was du tun darfst und was nicht", erzählt Helena. Da kann bei einem Neuling schon ein in der Waschmaschine verlorener Socken zu einem riesigen Problem werden. Und wenn man doch beim ersten Traumziel der Reise nicht an Land gehen darf, sondern einen fast leeren Speisesaal bewachen muss, dann sitzt die Enttäuschung im ersten Augenblick tief. Dann braucht der Neuling schon einen Kollegen, der ihm aufmunternd auf die Schulter klopft und sagt: „Komm', nächste Woche Bora Bora, da haben wir zwei Stunden Zeit und legen uns an den Strand. Dafür hat sich das alles doch gelohnt."

Und schließlich ist es durchaus möglich den einen oder anderen Freund oder Verwandten für ein paar Tage mit an Bord zu nehmen. Nach der Probezeit von sechs Monaten kann ein Besuchsantrag gestellt werden. Für eine geringe Selbstbeteiligung wird ein Bett in einer Mannschafts- oder Passagierkabine reserviert. So kann der Kontakt mit der Heimat an Land gehalten werden.

Abends mal in die Disco gehen ist allerdings schlecht möglich. Vielleicht in der Freizeit eine Partie Tischtennis an Deck. Oder ein Fußball-Match auf dem Sportdeck, wobei nicht mehr die Streifen am Ärmel zählen, sondern nur noch die Zielsicherheit und die Durchsetzungsfähigkeit mit dem Ball am Fuß. Dabei kann sich die Mannschaft mal richtig abreagieren. Und wenn ein anderes Schiff im Hafen liegt, dann gibt es einen richtigen Gegner. Es werden sogar offizielle Meisterschaften ausgetragen. Bei diesen ruhmreichen Wettbewerben ist der Sieger aber meist die Crew einer ganz bestimmten Fähre aus Skandinavien, deren Namen wir nicht nennen wollen. Böse Zungen behaupten, dass die Wikinger allein zu diesem Zweck sogar ehemalige Fußball-Profis in der Zentrale ihrer Reederei eingestellt haben.

Beim Fußballspiel der Mannschaft der Astor darf auch schon mal der Hilfskoch den Kapitän Alexander Golubev (rechts) aussteigen lassen.

Die russischen Matrosen haben hingegen ein ganz anderes Hobby. Kaum hat die MS Astor ein Etappenziel erreicht, packen sie ihre Angeln aus. Der eine oder andere große Fang wird gemacht. Und dann heißt es auch: Fisch in beide Hände nehmen, in die Sonne halten, Kamera raus und - klick! So manche fotografische Trophäensammlung muss inzwischen das eine oder andere Seemanns-Wohnzimmer in Odessa schmücken. Nun, Fisch kann man auch essen. Und deshalb mag Ester aus Ungarn, die am liebsten auf den Außendecks die Drinks serviert, das Hobby ihrer Kollegen: „Der eine oder andere von uns bekommt dann ein paar Stücke ab. Die schönsten Filets." Und Ester lässt keinen Zweifel aufkommen, dass sie zu den wenigen Auserwählten zählt.

Die Beziehungen, die an Bord entstehen, brauchen sich aber nicht auf kulinarische Genüsse zu beschränken. Die Chance ist offenbar groß, die Frau oder den Mann fürs Leben zu finden. Die Liebe ist zum Beispiel mit ein Grund für Getränke-Stewardess Danielle noch an Bord zu sein. Vier Jahre reist sie nun schon um die Welt, hat viel gesehen und einen getroffen, der noch mehr sehen möchte, am liebsten an ihrer Seite. Die beiden sind kein Einzelfall. Rund 70 Prozent der Mannschaft sind Paare, nur ein kleiner Rest ist noch auf Partnersuche. Und seien wir doch einmal ehrlich. Sich vor der Kulisse von Sydney in den Armen zu liegen, das muss doch einfach wunderbar sein.

Bordsprache deutsch: „Ischen doche allen klaro“

Bordsprache deutsch – als wenn das alles so einfach ist, wenn sich Menschen aus Dutzenden von Nationen dieser Welt auf einem Schiff treffen, um ihre Gäste zu verwöhnen. Vielleicht haben sie erst vor ein paar Wochen zum ersten Mal gehört, wie sich das Volk der Germanen untereinander verständigt. Belauschen wir an einem bewölkten Seetag vor Algerien doch einmal auf der MS Astoria einen Koch von den Philippinen und einen Steward aus Ungarn. Er, der Koch, will seinem Kollegen begreiflich machen, was langsam auf dem Mittagsbuffet zur Neige geht, und deshalb aus der Küche nachgeordert werden müsste.

Der Koch sortiert die Vokabeln, die er bei seiner eigens für die Behebung von Sprachproblemen engagierten Deutschlehrerin an Bord gelernt hat, in seinem Kopf, setzt das gewinnende Lächeln eines Asiaten auf und spricht: „Schluddeln und Glucken, danke schon!“

Der Steward aus Budapest legt besorgt seine Stirn in Falten und antwortet: „Was Du meinen?“

Sein Kollege mit der weißen Kochmütze ist sich auf einmal durchaus nicht mehr sicher, die richtigen Worte gewählt zu haben. Er denkt einen Augenblick nach – und dann hat er es: „Schnudel und Gnucklen, schon dank, bitte!“.

„Ich niche verstehen“, zuckt der Mann aus dem Land der Paprika die Schultern

Unser wortgewaltiger Philippino beobachtet panikartig wie sich ein graumelierter Gast das letzte Stück von einem silbernen Tablett nimmt. Die ukrainische Restaurantchefin nähert sich bedrohlich dem Buffet. Noch hat sie nicht gesehen, dass da etwas fehlt, was den Passagieren heute anscheinend besonders gut schmeckt. Der Koch holt tief Luft. Er bläht sich fast auf. Es sieht so aus, als ob er seinen Kollegen aus Ungarn den Marsch auf philippinisch blasen möchte. Aber dann zischt er nur leise und mit unüberhörbarer Verzweifelung in seiner Stimme: „Schludder und Gucke, vile danke!"

Das Gesicht des Ungarn ist versteinert. Sein Mund steht offen, er blickt dem Mann, der inzwischen mit dem Kochlöffel in seiner Hand bedrohlich wedelt, entgeistert in die Augen. Dann spürt er wie sich eine Hand auf seine Schulter legt. Er dreht sich um. Die letzten Worte hat ein Kellner aus Italien mitgehört. Der schüttelt den Kopf über so viel Unverständnis zwischen den Völkern und klärt den Ungarn auf, was der Mann von den Philippinen so dringend aus der Küche benötigt: „Strudel und Gurken – ischen doche allen klaro!"

Der Kapitän

Er liebt sein Schiff: Kapitän Alexander Golubev auf der Brücke der MS Astor.

Auf Westpoint Island kennt Alexander Golubev jemanden. Vielleicht kennt der Kapitän der Astor aber auch nur einen Kollegen, der schon einmal auf der winzigen Privatinsel der Falkland-Gruppe im Atlantik war. Sei es, wie es sei. Eigentlich hatte der Katalog für diesen Tag der Reise „Erholung auf See" vorgesehen, was in diesem Fall eine eher recht eintönige Überfahrt von Kap Horn zu der britischen Enklave Port Stanley bedeutet, die von Argentinien einst so heiß begehrt wurde, dass dafür mehr als tausend Menschen ihr Leben lassen mussten. Aber Kapitän Golubev war bereits einige Tage vergeblich den Pinguinen hinterher gefahren. Ausflüge mussten abgesagt werden, weil die in den menschlichen Augen so drolligen Geschöpfe sich ihrem Instinkt folgend, dass der eisige Winter naht, Richtung Norden in die Wärme aufgemacht hatten. Und der Besitzer von Westpoint Island, vor dessen Haus stolz der Union Jack weht, konnte der Astor per Funk versichern, in seinem kleinen Reich würden sich noch Dutzende Exemplare und auch eine Albatros-Kolonie mit Jungvögeln wohl fühlen. Die Tiere würden sicherlich noch die paar Stunden mit der eigenen Abreise warten, bis die Astor dort vor Anker gehe.

24 Stunden später ein außergewöhnliches Bild. Hunderte von Pinguinsüchtigen Menschen quälen sich die grasbedeckten Hügel hoch, waten durch ein kleines Moorgebiet, sinken fast bis zu den Knöcheln im Schlick ein, um einen Blick auf die Vögel zu erhaschen, die nicht fliegen können. Dann geht es auf dem Eiland, auf dem in den Wintermonaten nur der Farmer und seine Frau leben, zurück zum winzigen Herrenhaus. Dort bewirtet die Dame der Insel ihre noch vor wenigen Stunden unerwarteten Gäste mit selbstgebackenem Kuchen und Tee im Wohnzimmer mit vielen Familienfotos an den Holzwänden. Ihr Sohn stellt gleichzeitig einen Weltrekord im Spülen auf, weil das Porzellan vorne und hinten nicht reicht. Ganz nebenbei drängen sich auch noch Dutzende Passagiere vor der einzigen Toilette der Familie. Den Herrn der Schaffarm interessiert das wenig. Er steht neben seinem Fahnenmast und blickt mit dem Kapitän der Astor auf das weite Meer hinaus, wo die Astor liegt, die ihre Passagiere mit Tenderbooten an Land gebracht hat.

Alexander Golubev ist zufrieden. Er hat die Pinguine für seine Passagiere gefunden. Nicht die Hunderttausend, die die chilenische Agentur versprochen hat, dafür aber ein paar Dutzend in Großbritannien. Der Kapitän eines Kreuzfahrtschiffes muss eigentlich zwei Hauptaufgaben erfüllen. Zuerst einmal sollte er selbstverständlich die Passagiere und die Mannschaft sicher in den nächsten Hafen bringen. Zum anderen muss er seinen Gästen etwas bieten, ihnen das Gefühl geben, etwas Außergewöhnliches erlebt zu haben - wie an diesem Tag. Und wenn er dann noch beim Kapitäns-Diner in der weißen Galauniform eine gute Figur abgibt, ist er die Idealbesetzung.

Nach acht Jahren Ausbildung auf Frachtern hat Golubev, der im russischen Krasnodar geboren wurde, sich entschlossen, zur Passagierschifffahrt zu wechseln. Er war meist auf Schiffen mit deutschen Urlaubern. Als junger Offizier sammelte er erste Erfahrungen auf der Odessa, wechselte zu dem Expeditions-Schiff Columbus Caravelle, wurde schließlich Kapitän auf der Calypso und kam von dort aus auf die Astor. Einen Kreuzfahrer, den er liebt. Das merkt man, wenn er von ihm spricht: „Es ist ein familiäres Schiff, ein Schiff, das zum Reisen gebaut wurde. Das spürt man beim Verhältnis zwischen Passagieren und Besatzung. Es ist nicht eines der Monsterschiffe, wie ich sie nenne, die 2000 oder mehr Menschen an Bord haben. Da geht es doch gar nicht mehr um die Ziele der Fahrt, das sind in mei-

Das gehört auf der MS Astor einfach dazu: Einmal mit Kapitän Alexander Golubev anstoßen.

nen Augen riesige Unterhaltungs-Paläste, die auf dem Meer schwimmen. Es ist nur noch eine gigantische Industrie." Golubev, oder Kapitän Alexander, wie ihn seine Passagiere nennen, mag die Astor auch, weil er mit ihr auf Weltreise gehen kann: „Jede zwei Wochen die gleiche Route, gut das kommt bei uns in den Sommermonaten auch schon einmal vor, aber das ganze Jahr über könnte ich mir das nicht vorstellen."

Abwechslung braucht auch der Chef auf der Brücke. Wenn der Kapitän an Bord geht, dann bleibt er für vier Monate dort: „Zwei Monate geht es dann auf Heimaturlaub, wieder vier Monate aufs Schiff, zwei Monate Urlaub und so weiter." Heimat, was ist das für einen Kapitän? Odessa in der Ukraine, wo sein Sohn und sein Vater inzwischen leben, oder seine Kabine direkt hinter der Kommandobrücke der Astor? „Mal so und mal so. Ich glaube inzwischen, beides ist mein Zuhause!" Die Verbindung stellt der gebürtige Russe auf zwei Rädern her. In seiner Freizeit sitzt Kapitän Golubev fest im Sattel seines Mountainbikes, das auch auf dem Schiff immer mit muss.

Weiß denn ein Mann, der schon so oft die Erde umrundet hat, wo es am schönsten ist? Alexander Golubev zögert nicht mit der Antwort: „Die Welt ist überall schön. Sie ist nur unterschiedlich. Ich liebe Südamerika und ärgere mich gleichzeitig, wenn wir dann Kap Horn umrunden, dass wir nicht Arabien auf unserer Route haben. Glauben sie mir, die Welt ist überall schön!"

Das Hotel

Die MS Astor kann im Hafen von Puerto Montt in Chile nicht anlegen. Das kleine Missgeschick des Kapitäns eines Frachters fordert das Organisationstalent der Besatzung des Kreuzfahrers heraus.

Er hat Pech – großes Pech! Der kleine Frachter, an dessen Rumpf mehr Roststellen als Farbe zu sehen sind. Das Schiff, das die schier endlose Küste von Chile hoch und hinunter pendelt, wollte im Hafen von Puerto Montt neue Ladung an Bord nehmen. Damit hat es sich übernommen. Der Rumpf liegt im Schlick des Hafenbeckens fest. Der Kapitän des kleinen Frachters flucht so laut wie ein Mann der noch hundert Seemeilen von ihm entfernt ist, es vielleicht auch eigentlich möchte, wenn er wissen würde, dass es etwas nutzt. Dieser Mann heißt Wolfgang Ribitsch und ist Hotelmanager auf der MS Astor. Der Kapitän des kleinen Frachters mit den vielen Roststellen hat dafür gesorgt, dass Ribitsch alle seine Pläne für den nächsten Tag buchstäblich über Bord werfen kann. Von einer Minute zur anderen muss Improvisationstalent die Routine ersetzen.

Der Frachter hängt ausgerechnet an dem einzigen Anlegeplatz in Puerto Montt auf Grund, an dem auch die MS Astor festmachen könnte. Für den Kapitän des Kreuzfahrers bedeutet das Ungeschick seines Kollegen, dass er mit seinem schwimmenden Hotel nur mitten im Hafenbecken vor Anker gehen kann. Der Direktor dieses Hotels muss darauf reagieren. Die Passagiere können das Schiff nicht normal verlassen. Nachdem das Ziel erreicht ist, müssen erst einmal die Tenderboote zu Wasser gelassen werden, die die Gäste an Land bringen. Diese Prozedur mag zwar für den einen oder anderen unter ihnen ein zusätzliches Abenteuer auf der Reise sein, sie kostet aber vor allen Dingen eins: Zeit. Keiner kann dem Küchenchef sagen, wann die hungrigen Rückkehrer von den Ausflügen - zum Beispiel zu den atemberaubenden Wasserfällen von Petrohue - wieder zurück sein werden. Vielleicht erst so spät, dass selbst der frischeste chilenische Barsch schon alt aussehen würde. Also plant Wolfgang Ribitsch um. Statt des À-la-Carte-Menues in zwei Sitzungen wird eine „Markthalle" organisiert, eine kulinarische Weltreise mit exotischen, aber auch typisch deutschen Genüssen. Ein großes Buffet, an dem sich jeder bedienen kann, wann er will. Für Köche und Stewards gerät der gesamte Dienstplan durcheinander. Der Passagier merkt nichts von der Hektik hinter den Kulissen. Und auch für Wolfgang Ribitsch ist ein solches Improvisationstalent nach fast vier Jahrzehnten Arbeit auf Meeren und Flüssen fast schon der Regelfall. „Auf einem Schiff herrscht eigentlich immer Druck. Vielleicht liegt es daran, dass es sich bewegt", glaubt der Österreicher, oh, pardon, Wiener.

Auch als Krokodil in der Crewshow steht der Hoteldirektor der Astor, Wolfgang Ribitsch (2. von links) seinen Mann.

Die Karriere von Wolfgang Ribitsch, dem die Liebe zur See nicht in die Wiege gelegt wurde, ist sicherlich außergewöhnlich. Ribitsch ging auf die Hotelfachschule in Bad Reichenhall, um später den Betrieb seiner Eltern zu übernehmen. „Als wir dann kurz vor dem Abschluss der Ausbildung standen, kam ein Vertreter des Norddeutschen Lloyd vorbei. Die Reederei suchte Leute. Der Lloyd-Mitarbeiter ging auf bestimmte Schüler zu und fragte, ob sie sich nicht vorstellen könnten, auf einem Schiff zu arbeiten. Der Mann sprach auch mich an. Ich wurde zu einem Vorstellungsgespräch eingeladen und bereits einen Tag später war ich auf der Bremen." Das Schiff verkehrte damals im Liniendienst von Bremerhaven nach New York und zurück. „Regelmäßig wie eine Straßenbahn", beschreibt es Ribitsch.

Mit ihm ging es schnell aufwärts. Bereits nach zwei Monaten war der Steward aus der Donau-Metropole vom Speisesaal der Touristenklasse in die Erste Klasse aufgestiegen. Die Schiffe ließen Ribitsch nicht mehr los. Der MS Bremen folgte die MS Europa und selbst als er den elterlichen Betrieb dann doch übernehmen musste, „habe ich die Urlaubsvertretung für Kollegen auf Flussschiffen gemacht." Vielleicht würde der Hoteldirektor, dessen gewinnendes Lächeln anscheinend niemals aus seinem Gesicht verschwindet, heute noch die Touristen in Wien verwöhnen, wenn er nicht zumindest einmal in seinem Leben kein Glück gehabt hätte: „Ich bekam damals ein gutes Angebot für unseren Betrieb und habe ihn verkauft. Das Geld hatte ich in der Schweiz angelegt. Ein Freund riet mir aber zu Aktien, weil ich damit mindestens zehn Prozent im Jahr verdienen könnte. Ich dachte mir, von 10 Prozent von einer Million kann einer wie ich gut leben. Und dann kam der große Börsencrash von 1985/86. Seitdem fahre ich wieder zur See."

Ribitsch erzählt seine Geschichte, als ob ihm die Schadenfreude über sich selbst Spaß machen würde. Auf jeden Fall war er wieder unterwegs. Diesmal mit der MS Berlin, der Nachfolgerin der MS Astor I in der „Traumschiff"-Serie des ZDF. Über einige weitere Zwischenstationen ging es dann zur MS Astor II. „Ein schönes Schiff", sagt Wolfgang Ribitsch und schwärmt von „der Astor-Familie".

Eine Familie, die es nicht immer leicht hat: „Die Arbeit an Land ist ganz anders als auf dem Wasser. An Land

siehst du, dass dein Koch vergessen hat, den Schinken zu bestellen. Dann kann man den Metzger auch am Sonntag anrufen und er bringt ihn, weil ich ein guter Kunde bin. Wenn auf der Astor sonntags der Bayerische Frühschoppen angesagt ist und ich merke, dass keine Weißwürste an Bord sind, dann habe ich ein Problem." Ein Problem, das der Chef für den Hotel-, Restaurant- und Barbereich sowie der Reiseleitung so oder ähnlich als Steward, Chefsteward oder in seiner jetzigen Funktion als Hotelmanager schon einmal gehabt hat.

„Erfahrung hilft", sagt Ribitsch und zeigt auf die Schränke in seinem Büro. Große und kleine Kinder sind von den Inhalten dieser Schränke fasziniert - Praktiker werden eher neidisch. Da liegen die unterschiedlichsten Anschlüsse für Bierfässer herum, wenn das am Ende der Welt gekaufte Fass nicht zum Zapfhahn passen würde. Ein deutscher Kreuzfahrer ohne Bierversorgung - undenkbar! Da gibt es die unterschiedlichsten elektrischen Verlängerungskabel - von amerikanischen zu asiatischen, von afrikanischen zu europäischen Steckern. Ein Schrank voller in der meisten Zeit unwichtiger Kleinigkeiten, die im entscheidenden Moment ganz wichtig werden können. Die Batterie von einem Hörgerät hat ihren Geist aufgegeben? Kein Problem! Natürlich findet sich in dem Schrank ein Ersatz. Kreuzfahrtleiterin Corina Jörg kommt vorbei. Sie sucht eine bestimmte CD und weiß, dass die silberne Scheibe eigentlich nur an einem Ort auf dem Schiff zu finden sein wird: In der Ribitschen Schatztruhe. Und richtig, da liegt sie. „Das kann eigentlich nicht nur ein einziger Schrank sein. Da muss noch eine ganze Kabine dahinter sein", wundert sich die Schweizerin.

Wir kommen am Bügelzimmer vorbei, in dem zwei Damen die weißen Hemden des starken Geschlechts an ihrer Seite für das Kapitäns-Dinner in Form bringen. Ribitsch weist durch die Tür: „Vor jeder Weltreise kaufe ich immer 15 Bügeleisen." Mein Gott, wer braucht 15 Bügeleisen? „Das eine oder andere geht unterwegs kaputt. Und dann liegen wir vielleicht in den Vereinigten Staaten im Hafen. Die haben 110, wir an Bord 220 Volt. Dort kann ich nicht einfach ein neues kaufen. Oder versuchen sie mal einen neuen Bezug für ein Bügelbrett in Afrika zu bekommen. Die wissen gar nicht, was sie überhaupt damit meinen." Das leuchtet ein.

Ribitsch hat gelernt, im voraus zu planen. Auf dem nächsten Markt einkaufen? Wenn das alles so einfach wäre: „Köche, die neu an Bord sind, finden die Vielfalt auf den Märkten in fernen Ländern faszinierend. Wenn die dann vorschlagen, sich dort einzudecken, frage ich sie immer: Für dich, für den Kapitän und für mich? Was essen dann die anderen? Wenn ich zu einem Fischer gehe und dem sage, ich brauche 120 Kilogramm Fisch, dann schlägt der gute Mann die Hände über dem Kopf zusammen und fragt mich, ob ich ihm

Hahn im Korb: Wolfgang Ribitsch mit seinen Offizierinnen beim Cocktail-Empfang auf der Astor.

das nicht vor zwei Wochen gesagt haben könnte. Dann hätte er sich darauf eingestellt. Und genau das machen wir. Wir telefonieren mit unseren Agenten in den einzelnen Häfen und bestellen vor. So können wir uns zum Beispiel in Buenos Aires mit dem besten Rindfleisch für den Rest der Reise um die Erde eindecken."

Eine Reise um die Welt dauert auf einem Schiff 120 Tage oder mehr. Nicht an jedem Tag kann es etwas anderes auf dem Teller geben. Nach drei Wochen wiederholt sich der Speiseplan. „Meist freuen sich die Gäste dann schon wieder auf ein bestimmtes Gericht. Sie haben aber auch durchaus die Gelegenheit sich außerhalb der Reihe einfach einmal spontan ein Wiener Schnitzel zu bestellen. Das muss einfach möglich sein. Oder sie können einen kleinen Zwischengang als großes Hauptgericht haben", erklärt der Hotelchef, der für seine Stammgäste auch noch eine rustikale Spezialität in der Hinterhand hat: „Dann gehe ich selbst in die Küche und bereite ihnen mein Tartar zu. Für 70 Portionen braucht man da schon seine zwei Stunden".

„Wir müssen 110 Prozent anstreben, um 80 Prozent zu erreichen", ist das Motto des Wieners. Es sei nicht immer leicht, den Gästen in exotischen Ländern die Qualität zu bieten, die sie von zu Hause aus gewohnt sind. „Nehmen sie zum Beispiel eine Banane. Die entspricht auf einem lokalen Markt irgendwo in Afrika sicherlich nicht den strengen EU-Normen mit einem vorgeschriebenen Krümmungsgrad. Aber, sie schmeckt. Also kann man sie wenigstens backen. Und wenn sie nicht ganz so süß ist, tue ich noch ein wenig Honig hinzu." Erfahrung macht den Meister.

Dabei ist eine Weltreise für ein schwimmendes Hotel und seine Besatzung von der Arbeit her eher angenehm. Nach jeder Teilstrecke verlässt nur eine Gruppe das Schiff, um wieder in die Heimat zu fliegen. Andere gönnen sich eine zweite Runde oder bleiben die ganze Zeit auf dem Schiff. In den Sommermonaten stehen die kurzen, dafür aber hektischen Kreuzfahrten auf dem Programm. Es geht in die norwegischen Fjorde oder in die Ostsee. Die Passagiere sind eine, vielleicht auch zwei Wochen an Bord. Danach steigen alle aus. Es muss im wahrsten Sinne des Wortes klar Schiff gemacht werden: In den Bars, in den Restaurants und vor allen Dingen in den Kabinen. Und während gewienert und gebohnert wird, schaut sich die eine oder andere Besuchergruppe noch den Ozeanriesen an. Die ersten Passagiere warten bereits am Kai und wollen an Bord gelassen werden, obwohl die Einschiffung vielleicht erst einige Stunden später vorgesehen ist. Ribitsch schüttelt den Kopf: „Das werde ich nie verstehen. Es wird doch auch niemand zum Flughafen fahren und schon um 12 Uhr in seine Maschine einsteigen wollen, wenn die erst um 18 Uhr starten soll."

Mit dem Beruf eines Hotelmanagers an Land sind die Aufgaben des Kollegen an Bord kaum zu vergleichen. In einer Nobelherberge in Berlin oder München, auf Mallorca oder in den Alpen, huscht der Chef in seinem grauen Anzug unerkannt durch die Rezeption in sein Büro. Mit den Kunden - seinen Gästen - hat er eher weniger Kontakt. Auf einem Schiff ist das anders. Da steht der Hotelmanager im Mittelpunkt. Er fällt nicht nur durch seine Uniform auf. Er strahlt Präsenz aus. Er ist freundlich zu den Gästen, immer zu einem Scherz aufgelegt, aber nie in der Gefahr, nicht als Respektperson anerkannt zu werden. „Es gibt nur einen langjährigen Kollegen, mit dem ich mich an Bord duze. Es gibt noch viele andere, die ich lange kenne, aber mit denen bin ich per Sie. Und das ist auch gut so", erzählt Ribitsch und fügt hinzu: „Wenn mich alle lieben, dann habe ich etwas falsch gemacht." Wenn es auch keine Liebe ist, so muss ein Hotel-Manager doch viel Verständnis haben. Er braucht ein Ohr für die großen und kleinen Nöte der Besatzung, aber auch der Passagiere. Ein Service-Profi mit Showmaster-Fähigkeiten und der Weisheit eines Psychologen garniert mit einer außergewöhnlichen Portion Charme und einem ansprechenden Wesen ist vielleicht die Beschreibung , die dem Beruf des Hotelmanagers am nächsten kommt.

Schließlich haben seine Gäste eine hohe Erwartung. Wenn einem das Essen in einem Hotel auf Gran Canaria nicht schmeckt, zu eintönig ist oder die Atmosphäre im Speisesaal nicht gefällt, dann kann man sich immer noch in der nächsten Strandbude eine Seezunge auf den Grill legen lassen, einen roten Landwein bestellen und danach wieder mit der Welt zufrieden in sein Zimmer gehen. Machen sie das einmal auf einer Atlantik-Überquerung!

Der Herr der Vorräte

Es ist ein Alptraum. Marius Octavian öffnet die Ladeluken der Vorratsräume der MS Astor und starrt vor eine dunkle Wand. Die Kaimauer. Es ist Ebbe. Draußen warten 200 Tonnen Lebensmittel und können nicht so einfach auf Paletten in den Bauch des Kreuzfahrers gerollt werden, weil das Schiff zu tief liegt. Kiste für Kiste muss erst über die Gangway hinauf, dann die engen Treppen hinab in die Lagerräume gebracht werden. Aber, Alpträume passieren, auch für Marius Octavian, den Provision Manager, dem Proviant-Meister des schwimmenden Hotels. Vielleicht nicht bei einem „großen Loading", wie er sagt. Aber bestimmt das eine oder andere Mal bei einem „kleinen" - und das ist auch schon seine 17 Tonnen schwer.

Container voll mit Tonnen von Lebensmittel warten vor der MS Astor. Irgendwie müssen sie in schnellster Zeit an Bord.

Marius Octavian trägt Uniform. „Es war heute Besprechung beim Kapitän", sagt er fast entschuldigend. Vielleicht vier Mal auf der Reise habe er die Jacke mit den Streifen aus dem Schrank geholt. Ansonsten sieht seine Arbeitskleidung anders aus: „Zwei Hosen übereinander, dicker Pullover, noch dickere Jacke, darüber eine Schürze." Und das ist auch gut so. Denn der Provision Manager ist der Herr über zwölf Stores, wie die Lagerräume genannt werden. Wenn es in ihnen warm ist, dann zeigt das Thermometer immerhin sieben Grad. Dort, wo das Fleisch und der Fisch lagern, herrschen allerdings frostige 20 Grad minus. 2000 verschiedene Artikel aus 15 Ländern der Erde lagern auf rund 400 Quadratmetern, schätzt Octavian. Er erklärt sein Ordnungsprinzip. Und trotzdem bleibt es dem flüchtigen Betrachter ein Buch mit sieben Siegeln, wie der Mann überhaupt den Überblick bewahren kann. Auf einem Unterbau aus deutschen Bierfässern stehen Paletten mit Gemüse: „Wir brauchen viel Bier auf einer Weltreise. Alle Fässer sind bereits von Beginn an Bord. Und da müssen wir jeden Zentimeter Raum nutzen." Hier die Abteilung für Weißwein, getrennt durch einen Turm von Limonade („Dosen für die Automaten im Mannschaftsraum, Flaschen für die Passagiere") folgt der Rotwein. Die Weine sind jung. Ein alter Tropfen würde das Schaukeln auf dem Meer nicht lange überstehen. Die Kartoffeln kommen derzeit aus Australien.

Provision Manager Marius Octavian trägt nur selten seine schmucke Uniform, meist trägt er einen schlichten Overall. Er muss wissen, wo in seinen Kühlhäusern unter Deck was zu finden ist. Auch die Organisation der Vorbereitung der Lebensmittel für die Küche gehört zu seinen Aufgaben.

„Die Zwiebeln", Octavian hält eine in der Hand, „sind aus Neuseeland, die haben eine gute Qualität."

Die Kisten mit Obst und Gemüse müssen der Provision Manager und seine beiden Mitarbeiter ständig im Auge behalten, damit nichts schlecht wird und die anderen Waren „angesteckt" werden. „Wir haben einmal prachtvolle Bananen an Bord genommen. Ich habe wirklich gedacht, sie würden mindestens zehn Tage frisch bleiben, aber nach vier Tagen waren sie alle faul." Der eine oder andere Lagerraum weist schon deutliche Lücken auf. Müssen wir uns ernsthafte Gedanken über unser Abendessen machen. Der Rumäne lacht: „Nein, ich habe immer für ein paar Tage mehr Waren an Bord. Sind wir zehn Tage unterwegs, sind es meist für drei Tage mehr, bei 20 Tagen dann für fünf Tage. Es kann schließlich immer etwas passieren."

Passieren kann zum Beispiel, dass ein Container aus Deutschland erst dann einen bestimmten Hafen erreicht, wenn die Astor die Leinen schon wieder los gemacht hat. Mehr Zeit einzuplanen hätte wenig Zweck. Die Lebensmittel werden auch nicht besser, wenn sie in irgendeinem sonnigen Hafen der Welt in der Hitze auf die Ankunft eines Kreuzfahrers warten. Passieren kann auch, dass der örtliche Agent, der eine Bestellung anliefert, nicht die Qualität liefert, die er versprochen hatte: „Bei uns wird schon beim Abladen der Lebensmittel kontrolliert." Nicht nur wegen der Qualität. Auch soll sichergestellt werden, dass sich nicht der eine oder andere krabbelnde blinde Passagier an Bord schleicht. Ungeziefer ist an Bord nicht willkommen: „Und deshalb schauen wir dann auch noch ein zweites Mal nach, bevor wir die Kisten einräumen."

Octavian liebt die Karotten und den Rotkohl. Dieses Gemüse bleibt lange frisch in Lagerräumen. Mit anderen Sorten ist das kritischer. Brokkoli zum Beispiel. Davon kann der Provision Manager nur eine begrenzte Menge mit an Bord nehmen. Für den Gaumen des Passagiers dann - so hoffen die Beteiligten - möglichst unbemerkt findet hinter den Kulissen ein Wechsel statt. Die frische Ware geht zu Ende, die Tüten mit der Tiefkühlkost werden aufgemacht.

Vergeblich suchen wir auf dem Rundgang durch den Bauch des schwimmenden Hotels nach fertigen Salatsaucen oder vorgebackenen Brötchen, wie sie heute inzwischen sogar schon in Nobelrestaurants an der Tagesordnung sind: „Das wird hier an Bord alles von den Köchen und Bäckern hergestellt. Deshalb müssen wir unterschiedlich viele Sorten von Mehl an Bord haben." Hinter einer weiteren stählernen Tür winken zwei Philippinas freundlich. „Die beiden schälen den ganzen Tag Kartoffeln, Zwiebeln und Knoblauch", erklärt Octavian. Schon ein Wunder, bei dieser Arbeit so freundlich zu bleiben. Daneben der Raum, in dem die frischen Fische für die Küche vorbereitet werden. Ein Store weiter der Vorrat an Eiscreme. Der kalte Genuss kommt aus Schweden. Der Reis aus Vietnam, Trauben aus Chile, Butter aus Deutschland, Pfeffersauce aus den Vereinigten Staaten. Eine kulinarische Weltreise - übrigens in kleinen Portionen. Hier lagern nur selten Großpackungen in den Regalen, wie sie Köche in den Hotels so lieben. Die Marmelade steht dort im Familienglas. Selbst der Fruchtsaft, der zum Frühstück massenhaft aus den Kühlbehältern abgezapft wird, kommt aus Ein-Liter-Packungen. „Das ist praktischer so", versichert Marius Octavian, „und es garantiert auch die Frische".

Drei Mal am Tag stellt der Provision Manager mit seinem kleinen Team das zusammen, was Küche und Bars auf den Bestelllisten haben. Ob die Passagiere damit zufrieden sind, was er macht, davon kann er sich nur selten selbst überzeugen. Nur dann, wenn er die Uniform an hat, und das kommt - wie gesagt, selten vor.

An seinem Beruf auf hoher See liebt der Rumäne die Abwechselung. Angefangen hat er als Barmann, mit der Absicht, ein wenig weiter nach oben zu kommen: „Das geht auf dem Schiff schneller als auf dem Land. Alle hier haben Zeitverträge. Und wenn du merkst, dass einer von den Kollegen, dessen Aufgabe dich reizt, von Bord geht, dann kann man zumindest fragen, ob man das nicht auch machen darf." Am Ende der Reise treffen wir Octavian wieder in Uniform. Er zeigt lachend auf sein Namensschild. Da steht jetzt nicht mehr Provision Manager, sondern Hotel Controller. Octavian hat das nächste Kapitel seiner Karriere aufgeschlagen. Die Versorgung hat er einem Kollegen überlassen, und nun überprüft er, ob und wenn ja, wo und wieso das schwimmende Hotel zu kostspielig wird.

Die Küche

Hoteldirektor Wolfgang Ribitsch freut sich anscheinend bereits auf den Hummer, den Chefkoch Manfred Schartner beim Gala-Dinner auf der MS Astor servieren wird.

Der Lärm ist ohrenbetäubend. So laut kann also das Klappern von Geschirr sein. Menschen laufen durcheinander. Auf der einen Seite die Köche in ihren weißen Uniformen, auf der anderen Seite die Kellner in ihren schicken Westen. Sie versuchen sich verständlich zu machen. Man spricht englisch, oder wenigstens in einer Sprache, die so klingt. Wir sind im hektischsten Teil der MS Astor angekommen, der Küche. Heute ist es vielleicht noch eine Idee hektischer als sonst. Das Gala-Diner zum Abschied vor der Ausschiffung in Rio de Janeiro steht an. Chefkoch Manfred Schartner blickt einem kanadischen Hummer tief in die Augen und ist zufrieden. „Die Ware", wie er die Lebensmittel nennt, ist von einer guten Qualität. Während die wenigen Reste, die Passagiere vom Kuchenbuffet übrig gelassen haben, entsorgt werden, laufen bereits die Vorbereitungen für das Menü am Abend.

„Das hier", der Koch zeigt auf einen Haufen von Töpfen, „ist der härteste Arbeitsplatz. Dafür ist nur schwer jemand zu finden." Hier werden in schweißtreibender Arbeit die Pfannen geschrubbt, bevor sie dann in die Spülmaschine kommen. Durch die Wasserschwaden, die aus den Maschinen aufsteigen, ist es auch noch schwül. Hier ist es selbst für jemanden nicht angenehm, der nicht seine Muskeln spielen lassen muss, um die Böden der Töpfe von Essensresten zu befreien. Bevor die Arbeit hier beginnt, muss erst einmal gekocht werden. Um 15 Uhr geht es los. Der erste Mann am Herd ist derjenige, der die Suppen zubereitet. Er schätzt am Nachmittag die Ruhe, bevor seine Kollegen etwa ab 16.30 Uhr an die Töpfe strömen. „Mit der Zeit wissen wir natürlich, was die Gäste am Abend von der Karte bestellen. Wie viele Portionen Fleisch, wie viele Portionen Fisch und wie viele Portionen von den vegetarischen Gerichten verlangt werden", sagt der Chefkoch. Trotzdem kann alles mal ganz anders kommen. Der Spruch „das Gericht ist leider aus" soll es auf keinen Fall geben. Deshalb werden von jedem Gang 20 Prozent mehr vorbereitet, als im Normalfall eigentlich verlangt wird.

Stolz sind die Köche darauf, dass die Küche der MS Astor ihnen die Möglichkeit bietet, alle Gerichte frisch zuzubereiten: „Wir haben noch nicht einmal eine Mikrowelle an Bord." Wenn die Passagiere dann ins Restaurant kommen, muss alles ganz schnell gehen. Während der Gast an Land durchaus Verständnis dafür hat, auf eine besondere Bestellung auch einmal etwas länger zu warten, müssen hier zwei Tischzeiten nacheinander minutiös geplant werden.

Ein Mittagsessen in der großen Pfanne in der Nähe vom Pool der MS Astor zubereitet, ist eine willkommene Abwechslung für die Passagiere auf Weltreise.

Um 18 Uhr öffnen sich die Pforten zur ersten Tischzeit. Eine Viertelstunde später sollte die Vorspeise auf den Tisch stehen. Um 18.20 Uhr ist die Zeit für die Suppe gekommen. 18.30 Uhr: Die warme Vorspeise wird serviert. Danach noch fünf Minuten Zeit für das Sorbet. 18.40 Uhr schließlich das Hauptgericht. Bis 19.30 Uhr sollte auch das Dessert zum Passagier gebracht worden sein, damit die Stewardessen und Stewards noch eine halbe Stunde Zeit haben, die Tische in ihrem Reich für die zweite Runde des Abendessens vorzubereiten.

Ein Blick in die Astor-Küche: Es ist nicht immer leicht, zum Beispiel wenn der Seegang das Schiff zum Schaukeln bringt, die Töpfe unter Kontrolle zu halten. Ein Meister der Gaumenfreuden muss auf einem Schiff auch improvisieren können.

Die Reiseleitung: Alles hat seine Ordnung

Kirsten Mackle kommt aus Westfalen und ist damit eine ausgesprochene Landratte. Deshalb ist es durchaus zu entschuldigen, wenn ihr bereits bei einer Rundfahrt im Hamburger Hafen übel wird. Und trotzdem hat die Frau im Alter von 40 Jahren die Entscheidung getroffen: „Ich fahre zur See." Danach war die Astoria der erste Arbeitsplatz von Kirsten Mackle. Sie ist Reiseleiterin, organisiert Ausflüge, bereitet

Willkommen an Bord: Kirsten Mackle aus Westfalen hat im Alter von 40 Jahren für sich die Entscheidung getroffen, zur See zu fahren.

Shows an Bord vor, steht bei Cocktail-Empfängen ihre Frau und hat ein offenes Ohr für die Sorgen der Passagiere. Das täglich: Zwischen vier bis fünf Monaten ist eine Reiseleiterin wie Kirsten Mackle an Bord, bevor sie ihre Familie wieder sehen kann: „An Weihnachten war das schon schwer, als ich die Dekorationen auf dem Schiff angebracht habe und an meine kleine Nichte gedacht habe." Aber: „Ich bin kein Mensch, der acht Stunden im Büro sitzen kann."

Kirsten Mackle erzählt ihre Geschichte. Die beginnt, als sie Teenager war und die weite Welt lockte: „Ich wollte Stewardess werden. Aber die nehmen nur Frauen ab einer Größe von 1,60 Metern." Ihr fehlten ganze zwei Zentimeter zum Glück. Also machte sie etwas ganz anderes - eine Schneiderlehre. Eine erste Anstellung fand sie beim Musical „Starlight Express" in Bochum. Von da aus ging es nach Stuttgart zu „Miss Saigon": „Nach zwei Tagen hatte ich dort bereits die Kostümleitung und war für die Arbeit von 50 Menschen verantwortlich". Spaß gemacht hat es ihr nicht: „Für mich gab es nur noch das Theater". Trotzdem hielt sie drei Jahre durch und übernahm anschließend die Einkaufsleitung für den Musical-Konzern Stella in Dortmund. „Shoppen in London und auf die Messe nach Paris", das war ihr Leben.

Im Februar 1998 wurde dann die Glamourwelt von Stella durch tiefrote Zahlen überschattet. Die Powerfrau war arbeitslos. Schließlich fand sie einen Job in einem Reisebüro, arbeitete als Gäteführerin im Ruhrgebiet und als Sekretärin: „Da habe ich eine Stellenanzeige gesehen. Der Seereisen-Veranstalter Transocean Tours brauchte Reiseleiter. Es wurden Leute zwischen 25 und 45 Jahren gesucht. Das war mir sympathisch, weil sonst spätestens mit 35 Jahren Schluss ist."

Nur wenige Wochen später - im Juni 2005 - stand Kirsten Mackle zum ersten Mal in Bremerhaven auf den Planken eines Kreuzfahrtschiffs: ‚Keiner meiner Freunde hat mir geglaubt, dass ich länger als einen Tag bleibe." Der erste Eindruck war schon verwirrend: „Alle rasten herum und ich stand da ein wenig verloren. Dann merkte ich noch, dass ich keine passenden Schuhe zur Uniform habe und musste schnell noch in die Stadt, um mir welche zu kaufen." Uniform ist Pflicht. Das Modell „Tahiti" ganz in Weiß für wärmere Gefilde. Wenn die Schiffsleitung entscheidet „heute tragen wir Bremen" ist die blaue Variante angesagt. „Bergen" bedeutet eine lange Jacke dazu. Und wenn die Mannschaft über „Spitzbergen" Witze macht, dann wird es richtig kalt und die gefütterte Wetterjacke ausgepackt.

Die war auf ihrer ersten Reise auch angesagt. Es ging in die norwegischen Fjorde und die Herdeckerin wusste schon, was ihr bevorstehen würde: „Mir wurde schlecht, so richtig schlecht." Ein Pfeffervodka von der Bar ist dagegen das beste Rezept, sagt sie inzwischen aus Erfahrung und ergänzte den damals noch mit sechs Tabletten. Inzwischen hat sie sich an den Seegang gewöhnt und die vielen Regeln, die an Bord der Astoria notwendig sind: „Wenn ein Offizier mit drei Streifen vorbei kommt, müssen wir aufstehen und einen Gruß andeuten. Auf einem Barhocker im Captains Club darf man aber auch erst ab drei Streifen Platz nehmen."

„Nach zwei Wochen wollte ich eigentlich gehen. Aber dann habe ich mir gesagt: Das ist dein Traum, du musst durchhalten", berichtet die Reiseleiterin von der schwierigen Umstellung ihres Lebens. Selbst See- und Windstärken von sieben bis acht machen der geborenen Landratte nichts mehr aus. Sie ist fasziniert davon, wie „Menschen aus den unterschiedlichsten Nationen auf einem Schiff zusammenhalten". Ihr gefällt es, sich mit den Passagieren auseinander zu setzen, die „Welt zu sehen und dafür noch Geld zu bekommen". An Land ertappt sich Kirsten Mackle dabei, „jeden zu grüßen, der über 50 Jahre alt ist, es könnte schließlich einer unserer Passagiere sein." Die Menschen auf einer Winter-Kreuzfahrt, die mehrere Monate dauert, sind meist älter.

Ob sie wieder an Bord geht, wenn ihr erster Vertrag ausgelaufen ist? Kirsten Mackle zögert. „Vielleicht", sagt sie in der Gewissheit, dass ihr Leben bereits für so manche Überraschung gut war.

Der Archivar der beiden Schwestern

Timo Meyer vor seiner großen Sammlung von Erinnerungsstücken an die Astor und Astoria. Sein Haus in einer historischen Werftarbeiter-Siedlung in Bremen platzt fast aus allen Nähten.

Timo Meyer hält eine Messingdose in der Hand. „Jungfernreise MS Astor 23.12.81 – 6.1.82" ist darauf eingraviert. Darunter ein Porträt von Herrn Astor. „Früher", sagt der Bremer, „war sie noch versilbert." Das war damals, als sie der Tabakkonzern Reemtsma gefüllt mit Zigaretten auf die Kabinen stellte, als Erinnerung an eine historische Kreuzfahrt. Timo Meyer ist Sammler. Seine Wohnung in einer alten Werftsiedlung kann gar nicht alles fassen, was er in den Jahren zusammengetragen hat. Da ist das Modell des Schiffes, das die TV-Crew einst für die Dreharbeiten der „Traumschiff"-Folgen brauchte. Eine Offiziersmütze liegt neben den einst aufwendig gestalteten Seifenpäckchen für die Passagiere. Das Alu-Besteck der „MS Arkona" teilt sich den Platz in der Vitrine mit dem schweren Silber, das unter der deutschen Flagge einst auf den Tischen des Speisesaales lag. Der Archivar der Astor kramt in einem Zeitschriftenständer und holt zwei Blaupausen hervor: „Das sind die Original-Baupläne für die Astor I und II." Er legt sie neben die Schiffsschraube, die eigentlich in ein Beiboot des Kreuzfahrers eingebaut werden sollte, aber den Qualitätsmaßstäben nicht entsprach.

Wie wird man Fan von einem Schiff? Für Timo Meyer ist das eine Reise in seine Kindheit. Wenn Oma Friedel auf den Kleinen aufpassen durfte, dann wurde immer „Traumschiff" im Fernsehen geschaut: „Bei uns in Deutschland war es Winter und das Schiff fuhr in den Sommer. Mich faszinierte schon der Vorspann, in dem die Astor hinter dem Hamburger Michel zu sehen war. Sascha Hehn wurde zwar nicht mein Vorbild, aber ich erinnere mich noch gut, dass ich wie er in der Serie Steward werden wollte." Träume eines kleinen Jungen, die bald der Realität begegnen sollten.

Timo fuhr 1984 mit der Familie zu seinem Onkel nach Hamburg. „Wir fuhren mit der S-Bahn zu den Landungsbrücken von St. Pauli, gingen aus dem Ausgang heraus und dann stand sie plötzlich da, die Heldin meiner Jugend". Der damals 13jährige war von der weißen Astor mit dem dicken roten Streifen am Rumpf fasziniert. „In dem Alter kommt einem ein solches Schiff natürlich noch viel größer und beeindruckender vor." Timo wollte unbedingt eine Postkarte von dem Schiff mit nach Hause nehmen. Doch, keiner der vielen kleinen Andenkenlädchen an den Landungsbrücken konnte damit dienen. Der Junge von der Weser gab nicht auf. Gleich gegenüber war die Hauptverwaltung der HADAG, unter deren Flagge einst sein Traumschiff fuhr. Der Pförtner musste doch noch eine Karte haben. Der Mann am Eingang telefonierte ein wenig herum, „und dann kam eine für mich damals sehr alte Dame und drückte mir eine Karte und ein Buch mit dem Titel ‚MS Astor – Auf allen Weltmeeren eine Klasse für sich' in die Hand".

Das Buch sollte später einmal eine wichtige Rolle spielen, aber zuerst war für den Jungen das Kapitel „Traumschiff" damit auch abgehakt: „Ich hatte andere Interessen und wollte auch nicht mehr zur See fahren." Als der erwachsene Timo Meyer auf Trödelmärkten herumstöberte und die eine oder andere Erinnerung an seine Kindheit suchte, die ihm damals wichtig war, inzwischen aber in Mülleimern oder in den Spieltruhen von jüngeren Verwandten und Bekannten verschwunden war, erinnerte er sich wieder an den Tag an der Elbe. Irgendwo musste dieses Buch doch sein. „Ich habe meine Eltern gefragt und sogar meinen Bruder beschuldigt. Es tauchte aber nicht wieder auf."

Timo Meyer machte sich auf die Suche und entdeckte viel. Er fand Erinnerungen an die Geschichte der Astor, aber nicht sein Buch. Auch die Telefonate mit Buchhändlern und dem Verlag halfen da nichts. „Der Handel im Internet war damals noch nicht so alltäglich wie heute. So war es ein zeitraubendes Hobby." Doch, der Grundstein für die Sammlung war gelegt. Und Hartnäckigkeit zahlt sich mit der Zeit aus: „Ich entdeckte das Buch im Hamburger Staatsarchiv. Die hatten zwei Exemplare davon. Erst habe ich mir eins davon ausgeliehen, eingescannt und ausgedruckt. Da hatte ich es schon wieder mal in der Hand. Später haben sie mich angeschrieben, weil sie ein Buch davon verkaufen wollten. Ich habe dann für fünf Mark zugeschlagen."

Die Suche nach einem Tag in seiner Kindheit hatte aber längst ganz andere Früchte getragen. Timo Meyer war von der spannenden Geschichte seiner Astor in den Bann gezogen worden. Er wollte mehr darüber wissen. Seine Sammlung wächst ständig. Manchmal nur eine Postkarte mit einem Bild des Schiffes in den norwegischen Fjorden, die in Japan im Internet angeboten wird. Manchmal aber auch um ein paar prunkvolle Teller aus den Anfangstagen des Schiffes. „Dafür habe ich mich bei der Reederei in Rostock, die zu DDR-Zeiten die Arkona betrieb, bis zu einem Mann im Lager durchgefragt. Ich dachte mir, irgendwo müssen doch die Sachen geblieben sein." Die Enttäuschung war groß, als der Arbeiter ihm mitteilte, das ganze Geschirr aus glorreichen Tagen sei zerstört und in dem Fundament seines schmucken Ein-Familien-Hauses verarbeitet worden. Aber schließlich entdeckte er doch noch ein paar Teller. „Die muss er aus dem Garten ausgegraben haben." Wenn Timo Meyer dann seiner Frau Carola sagt, er müsse mal schnell nach Rostock, um ein paar Teller abzuholen, dann schüttelt die schon einmal den Kopf.

Und das tat Carola auch an dem Tag, an dem ihr Mann ihr eröffnete, er möchte einmal an Bord seines Traumschiffes gehen. „Wir hatten nicht das Geld für eine Kreuzfahrt, aber ich hatte im Katalog gesehen, dass auf dem Schiff Partynächte veranstaltet werden. Sozusagen ein nächtlicher Ausflug aufs Meer mit einer Menge Stimmung an Bord. Das konnten wir uns leisten." Das wollte Carola aber eigentlich nicht. Sie hielt die Fahrt mit einem Kreuzfahrer doch eher für ein Vergnügen älterer Herrschaften. Aber, was tut man nicht alles für seine große Liebe? Das Paar, damals noch nicht verheiratet, machte sich auf den Weg nach Hamburg. „Es war wieder wie damals in meiner Kindheit. Wir kamen aus dem S-Bahnhof heraus und da lag sie vor uns. Die Astor war zur Besichtigung freigegeben. Wir waren ganz aufgeregt. Die vielen Menschen, die sich nur einmal kurz neugierig auf einem Kreuzfahrer umschauen wollten, mussten gleich das Schiff verlassen und wir durften die Nacht darauf verbringen." Erst einmal sind sie beide zwei Stunden lang von einer zur anderen Seite gelaufen und haben alles fotografiert, was ihnen vor die Linse kam. Und dann standen Carola und Timo an der Rezeption und wurden als „Herr und Frau Meyer" begrüßt. Nein, verheiratet seien sie noch nicht. Das mache doch nichts, schließlich könne man auf Schiffen auch gut heiraten. Gilt das denn? Wenn das Schiff zum Beispiel in Bremerhaven liege und ein Standesbeamter an Bord käme, dann könne durchaus der Bund fürs Leben besiegelt werden, lautete die Antwort. „Wir sind dann zusammen auf unsere Kabine gegangen. Dort lagen die neuen Kataloge aus. Carola hat darin herumgeblättert und auf eine Kreuzfahrt gezeigt: „Ab 23. September 2002, rund um Westeuropa, das würde passen."

Es passte. An dem besagten Septembertag wurden die beiden dann auf der MS Astoria „Herr und Frau Meyer". Rund 60 Gäste waren dabei, die sich sputen mussten. Zeit blieb nur von 10 bis 16 Uhr, dann kamen die neuen Passagiere an Bord. Und als es dann „Leinen los" hieß und das frisch vermählte Paar genug gewunken hatte, ertönten plötzlich die Sirenen zur Seenot-Rettungsübung: „Wir kamen uns ziemlich dumm vor, Carola im Hochzeitskleid und ich im schwarzen Anzug und beide die Rettungswesten um."

Eine Kreuzfahrt ist nicht eben ein Billigurlaub. Für Timo Meier ist es erschwinglicher, in die Geschichte der Astor und Astoria zu reisen. Hier einmal einen Euro für eine Postkarte auf dem Flohmarkt, und dort vielleicht einmal 35 Euro für ein bebildertes Tagebuch einer Reise, das ein Paar geschrieben hat, das inzwischen verstorben ist, und dessen Erben es nicht mehr haben wollen. Im weltweiten Internet nach solchen Erinnerungsstücken zu suchen, ist für den Sammler eine eher nüchterne Angelegenheit. „Viel schöner ist es, wenn ich die Leute treffe, die die Sachen so lange verwahrt haben. Es sind in den meisten Fällen interessante Leute, mit denen ich noch interessantere Gespräche führe."

Nachdenklich wird Timo Meyer, wenn er daran denkt, dass seine beiden Traumschiffe in ferner Zukunft auch einmal den Weg jeder technischen Errungenschaft gehen müssen. Irgendwann einmal wird die Reise von Astor und Astoria zu Ende sein. „Und dann", scherzt der Archivar der geschichtsträchtigen Kreuzfahrer, „dann werde ich mir den Schornstein in den Garten stellen."

Anhang

Die MS Astor in der Magellanstraße
am südlichen Ende von Amerika.

Der Lebenslauf der MS Astoria (Astor I)

Dezember 1978: Jens F. K. Jacobsen. Vorstandssprecher der kommunalen Hamburger HADAG Seetouristik und Fährdienst AG, schmiedet den Plan, die Zukunft des Unternehmens mit dem Bau eines Kreuzfahrtschiffes für über 600 Passagiere zu sichern. Bisher betrieb das Unternehmen Ausflugsschiffe auf der Elbe, Fähren nach Helgoland und England sowie eine Fluggesellschaft. Die Pläne wurden vom Senat der Stadt Hamburg grundsätzlich genehmigt.

Anfang 1979: Die Verhandlungen über den Bau des Schiffes zwischen HADAG und der Hamburger Werft HDW beginnen.

6. Februar 1979: In einem Brief teilt die HADAG der Werft mit, dass das Schiff in Auftrag gegeben wird.

12. Februar 1979: HDW reserviert im Hamburger Werk Ross den Bauplatz für das Schiff.

15. August 1979: HADAG und HDW einigen sich über Konzeption, Ausstattung, Preis, Zahlungsbedingungen und Lieferzeit. Am selben Tag legt die HADAG eine Berechnung der Wirtschaftlichkeit des Kreuzfahrers vor, der vom eigenen Aufsichtsrat und dem Hamburger Senat gebilligt wird.

September 1979: Die SPD-Fraktion im Hamburger Senat äußert Zweifel daran, dass die HADAG überhaupt in der Lage ist, ein Kreuzfahrtschiff mit Gewinn betreiben zu können.

23. Oktober 1979: Die HADAG teilt HDW mit, dass das Schiff nach den Einwänden der SPD nur gebaut werden kann, wenn sich ein erfahrenes Touristik-Unternehmen beteiligt. Die Werft erklärt daraufhin, dass dies die Abbestellung des Schiffes und Kurzarbeit bedeuten würde.

2. November 1979: HDW braucht Klarheit. Der Aufsichtsrat räumt der HADAG für die Bestellung eine letzte Frist bis Ende November ein.

Die MS Astor im Hafen von Fort Lauderdale im US-Bundesstaat Florida. Selbst die verwöhnten Amerikaner staunten über das elegante Design des Kreuzfahrers „made in Germany".

8. Dezember 1979: Die HADAG hat mit dem Hannoveraner Touristik-Riesen TUI und dem Tabak-Konzern Reemtsma zwei Partner gefunden, die mit ins Boot einsteigen.

29. Februar 1980: Bei der HDW beginnt der Bau des Schiffes. Die erste Bodenplatte wird geformt. Der Auftrag hat 600 Arbeitsplätze auf der Werft und 300 bei diversen Zulieferern erst einmal gerettet.

20. Mai 1980: Feierliche Kiellegung des Kreuzfahrers. HADAG-Chef Jens F. K. Jacobsen legt einen Glückspfennig ab, auf dem um 11.45 Uhr zwei Kräne die erste, 90 Tonnen schwere Bodensektion für den Neubau mit der Baunummer 165 auf den Millimeter genau absetzen.

16. Dezember 1980: Rund 6000 Hamburger erleben die Taufe und den Stapellauf des Schiffes. Taufpatin ist Ilse Wiethüchter, die Ehefrau von Horst Wiethüchter, dem Vorstandsvorsitzenden von Reemtsma: „Ich gebe dir den Namen eines wagemutigen, einfallsreichen, bedeutenden und erfolgreichen Mannes, der unvergessen ist und mit dem sich auch heute noch für alle das Besondere verbindet. Ich taufe dich auf den Namen Astor und wünsche dir, deinen Offizieren und Mannschaften, sowie deiner Reederei für alle Zeiten viel Glück und in jeder Weise mindestens drei Fuß Wasser unter dem Kiel."

Um 10.47 Uhr zerplatzt die Sektflasche am Bug. Die Astor gleitet ins Wasser. Der böige Westwind treibt den Rohbau auf die Anlegestelle Ellerholzhöft zu. Das Heck drückt das hölzerne Wartehäuschen nieder. Am Schiff selbst entsteht nur ein Kratzer. Die Arbeiter von HDW machen am Rande der Taufe mit schwarzen Fahnen und Transparenten auf ihre hoffnungslose Lage aufmerksam. Es ist kein Anschlussauftrag in Sicht. Die Arbeiter behielten Recht. Es war der letzte große Neubau bei HDW in Hamburg.

21. Mai 1981: Brand auf dem Atlantik-Deck. Das Feuer brach in einem Abfallhaufen aus, nachdem die Werftarbeiter abends das Schiff verlassen hatten. Die Hamburger Polizei glaubt an Brandstiftung. Die geplante Jungfernreise am 22. August muss abgesagt werden.

22. November 1981: Im Friseursalon bricht – vermutlich durch einen Kurzschluss – ein kleinerer Brand aus.

24. November 1981: Die MS Astor geht zum ersten Mal auf Reise. Das Schiff startet zu einer dreitägigen Probefahrt in die stürmische Nordsee. Es kommt zu einer Panne: Ein ausgesetztes Rettungsboot mit Besatzungsmitgliedern kann nicht mehr an Bord genommen werden. Es wird von einem Schlepper geborgen.

4. Dezember 1981: Ablieferung des Schiffes durch die Werft HDW an die HADAG.

11. Dezember 1981: Probefahrt mit Mitarbeitern von HADAG, HDW, TUI und Reemtsma als Dankeschön für die gute Zusammenarbeit beim Bau. Küchenchef Georg Lohmann ließ unter anderem „Eisbecher Astoria" servieren. Er konnte aber wohl nicht ahnen, dass das Schiff einmal diesen Namen tragen wird.

12. Dezember 1981: Die erste Gästefahrt mit 600 Prominenten aus Politik, Wirtschaft und Showgeschäft.

14. Dezember 1981: Die Astor startet mit 500 Gästen der Reederei, von TUI und Reemtsma an Bord zu einer fünftägigen Reise von Hamburg über Le Havre nach Genua, wo das neue Kreuzfahrtschiff am 22. Dezember anlegt.

23. Dezember 1981: Start der ersten mit einem Katalog angebotenen Kreuzfahrt.

November 1982: Eine 68-köpfige Fernseh-Crew geht an Bord, um Folgen der ZDF-Serie „Traumschiff" zu

Eine Luftaufnahme von der MS Astor aus dem Jahre 1983. Am Schornstein prangt das damalige Zeichen der TUI, auch heute noch Europas größter Reiseveranstalter.

drehen. Die erste Reihe spielte auf der MS Vistafjord.

15. Juni 1983: HADAG-Chef Jens F. K. Jacobsen muss gehen. Später stellt sich heraus, dass er mit seinem Schiff 50 Millionen Mark Verlust für die Stadt Hamburg eingefahren hat.

21. September 1983: Die HADAG bestätigt Verkaufsgespräche über die Astor. Die Besatzung - das Schiff liegt vor Mykonos - erfährt von Journalisten über die Pläne.

14. Oktober 1983: Die HADAG Cruise Line beschließt den Verkauf an die South African Marine Corp. Ltd. in Kapstadt.

30. Oktober 1983: Die erste ZDF-„Traumschiff"-Folge mit der Astor wird unter dem Doppeltitel „Herz ist Trumpf" und „Sängerin und Zauberer" ausgestrahlt.

7. Februar 1984: Übergabe der MS Astor an die südafrikanische Reederei Safmarine. Das Schiff wird bei HDW umgebaut. Durch den Einbau von mehr Suiten verringert sich die Zahl der Passagiere auf 530.

1. April 1984: Die Astor sticht zu ihrer ersten Reise unter südafrikanischer Flagge von Hamburg nach Southampton in See. Tausende von Hamburgern verabschieden ihr Schiff.

1. Mai 1984: Die Reederei lässt das Schiff in Liberia registrieren. Der Grund dafür: Unter südafrikanischer Flagge dürfen keine norwegischen Häfen angefahren werden. Safmarine setzt das Schiff zweigleisig ein. Im Sommer werden Kreuzfahrten angeboten, im Winter soll die Astor Southampton in England mit Kapstadt in Südafrika verbinden. Es stellt sich aber schnell heraus, dass der Kreuzfahrer nicht für den Liniendienst geeignet ist. Die Maschinen sind dafür zu schwach.

18. April 1985: Safmarine gibt bekannt, dass die Astor verkauft wurde. Ein Käufer wurde nicht benannt. Es wird darüber spekuliert, dass das Schiff wieder nach Deutschland zurückkehren soll oder der neue Besitzer in der Sowjetunion sitzt. Erst später stellt sich heraus, dass die DDR der Vertragspartner ist.

13. bis 27. August 1985: Die letzte Reise als MS Astor – es ging zum Nordkap – endet in Cuxhaven. Während der Fahrt wird bekannt, dass das Schiff in Zukunft MS Arkona heißen soll.

29. August 1985: Das Schiff wird an die DDR übergeben. Aus politischen Gründen konnte die sozialistische Republik allerdings nicht offiziell Geschäfte mit einem Unternehmen des Apartheid-Regimes Südafrika machen. Deshalb griffen die Partner zu einem Trick. Das Schiff wurde in Hamburg für ein paar Stunden von der Deutsch-West-Afrika-Linie mit Heimathafen in Kiel übernommen. Am Heck wehte für diese kurze Zeit die bundesdeutsche Flagge. Dann kaufte der DDR-Außenhandelsbetrieb Schiffcommerz die Astor und ließ die DDR-Fahne aufziehen. Die DDR hatte dadurch einen weiteren Vorteil: Sie konnte für das Geschäft Kredite für den innerdeutschen Handel beanspruchen. Das Schiff wird bei HDW in Hamburg umgebaut und erhält den neuen Namen MS Arkona.

29. September 1985: Die Arkona verlässt Hamburg mit Kurs auf Rostock. Das Schiff ersetzt dort die marode MS Völkerfreundschaft.

15. Oktober 1985: Start der ersten Kreuzfahrt im Auftrag des DDR-Gewerkschaftsbundes FDGB.

1. Mai 1986: Erste Kreuzfahrt im Auftrag des Touristik-Konzerns TUI mit westdeutschen Passagieren von Cuxhaven nach London und Amsterdam. Später wurden die Reisen auf dem westlichen Markt von Seetours vertrieben.

18. Juni 1990: Übertragung der MS Arkona an die Deutsche Seereederei Rostock GmbH.

Herbst 1990: Der FDGB findet kaum noch zahlende Gäste für das Schiff. Einige Kreuzfahrten müssen ausfallen.

3. Oktober 1990: Die DDR hat aufgehört zu existieren. Auf der Arkona weht die bundesdeutsche Flagge.

November 1991: Seetours nimmt die Arkona unter Vollcharter.

20. November 1995: Die Arkona erhält auf einer Werft in Barcelona teilweise eine neue Innenausstattung. Sie wird aus Kostengründen nach Liberia ausgeflaggt. Heimathafen ist nun Monrovia.

Februar 2001: Verkauf des Kreuzfahrers an die Astoria Shipping Ltd. in Nassau auf den Bahamas. Als Übergabetermin wird der Februar 2002 vereinbart.

9. November 2001: Bei einem Wendemanöver im Hafen von Mahon auf der Balearen-Insel Menorca bricht ein Feuer im Hilfsmaschinenraum aus. Die Arkona ist manövrierunfähig. Es gibt zwar keine Verletzten, aber für 293 Passagiere ist die Kreuzfahrt bereits nach zwei Tagen beendet.

11. November 2001: Das Schiff wird nach Barcelona geschleppt und dort repariert.

14. Februar 2002: Das Schiff wird in Genau an die Astoria Shipping Ltd. übergeben.

20. Februar 2002: Die Geschwister Hofmann, ein Pop-Duo, geben dem Schiff in Nizza den Namen MS Astoria. Es fährt nun im Auftrag des Bremer Seereisen-Spezialisten Transocean Tours. Die erste Kreuzfahrt startet am selben Tag.

1. März 2007: Die niederländische Gesellschaft Club Cruise Entertainment and Travelling Services Europe kauft das Schiff.

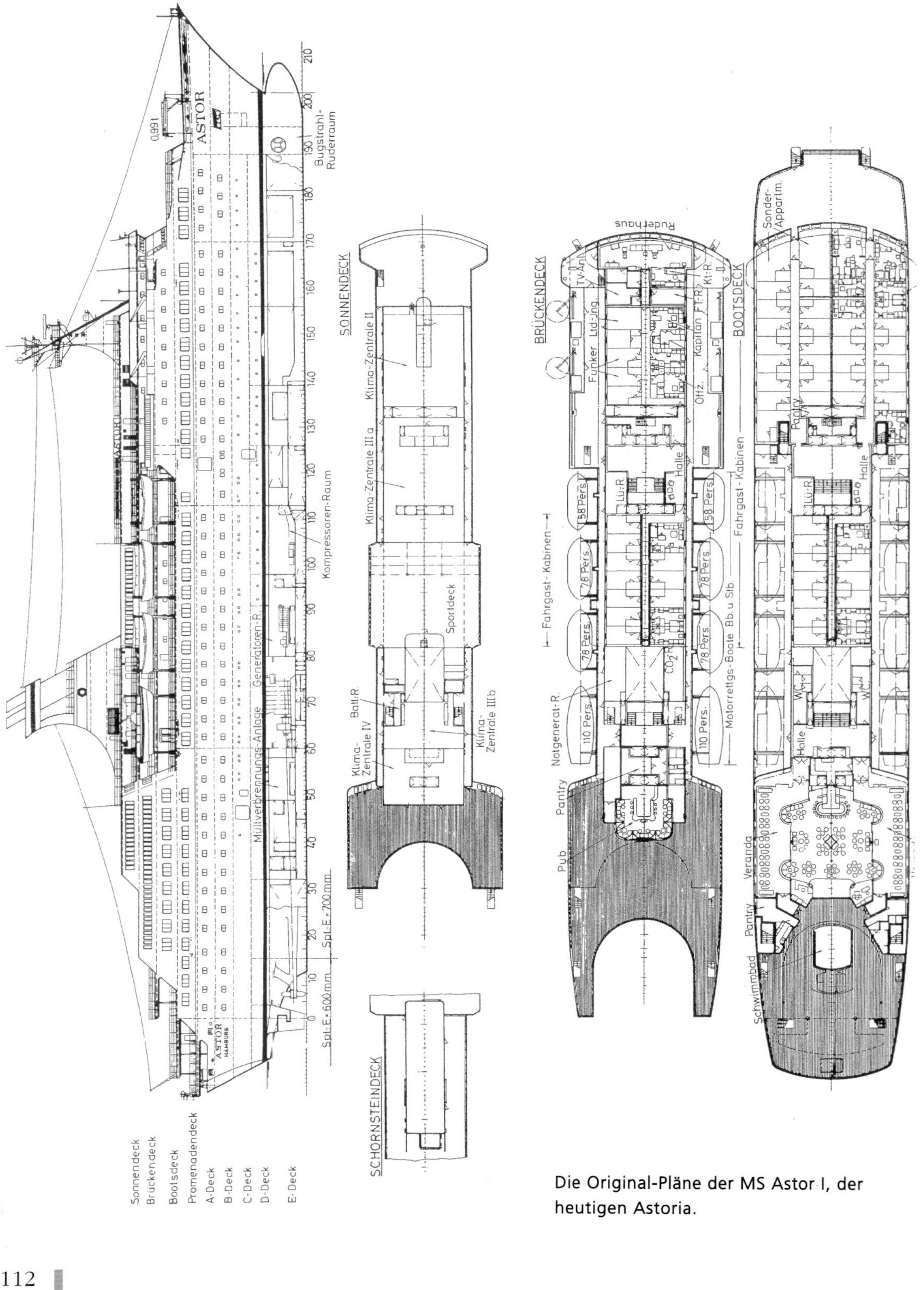

Die Original-Pläne der MS Astor I, der heutigen Astoria.

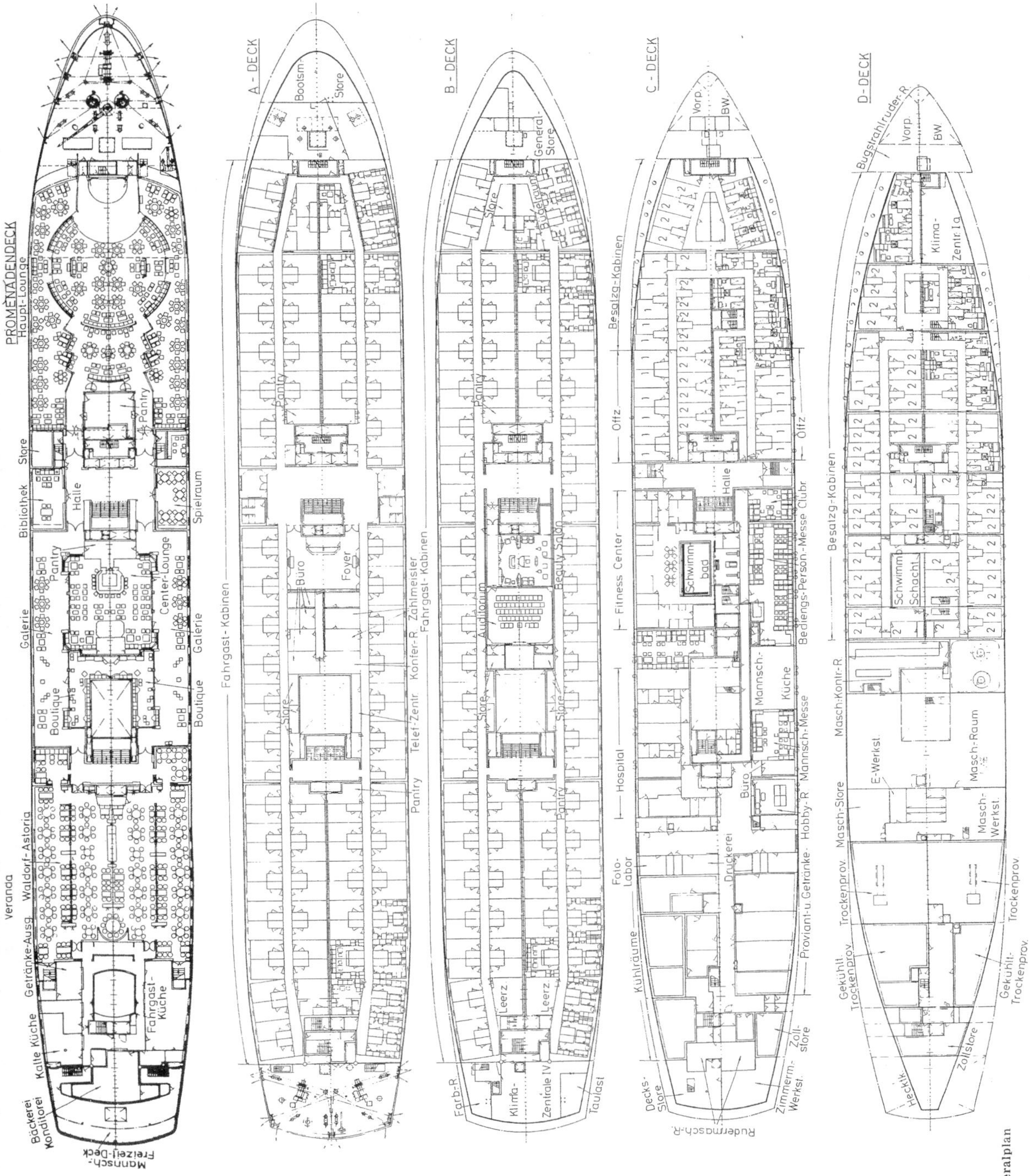

Generalplan

Der Lebenslauf der MS Astor (Astor II)

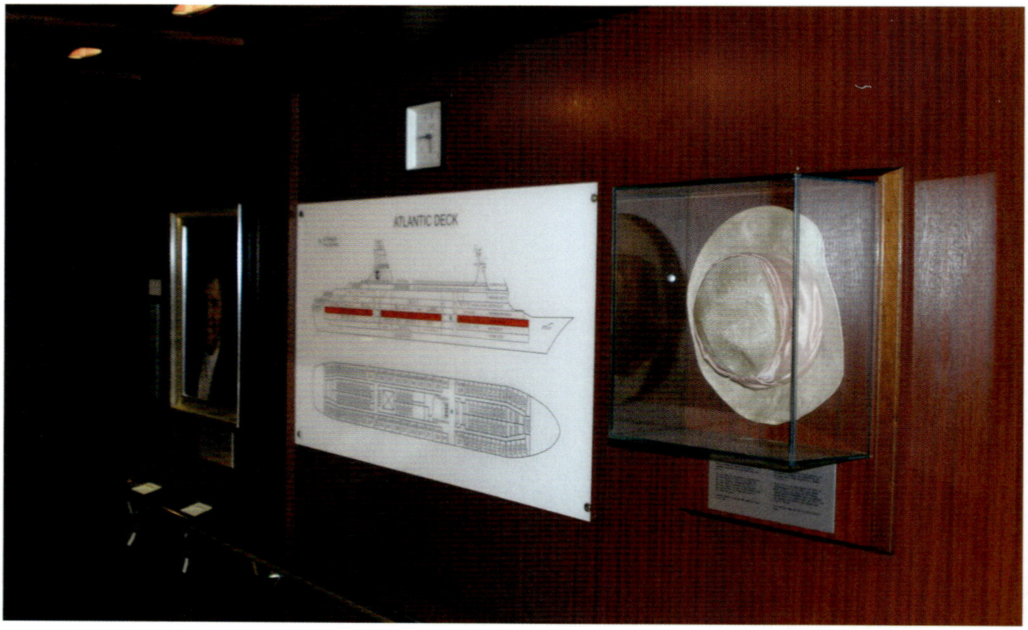

Bei der Taufe der neuen MS Astor flog der Taufpatin Inta Elisabeth Gleich der Hut weg und landete im Wasser. Das gute Stück wird heute noch in einer Vitrine auf dem Schiff aufbewahrt.

12. April 1985: Die South Africa Marine Corporation (Safmarine) in Kapstadt bestellt eine neue Astor bei HDW in Kiel, weil die Maschinenleistungen der alten Astor nicht ausreichend waren. Das Schiff soll auf der Linie von Durban nach Southampton eingesetzt werden.

21. Januar 1986: Start zum Bau der neuen Astor bei HDW in Kiel. Safmarine gibt allerdings die Pläne der Liniendienste auf. Der Neubau wird an die Marlan Corporation in Panama verkauft. Vermarktet werden soll das Schiff von der Morgan Leisure in Colchester und derem deutschen Partner Globus Kreuzfahrten in Hamburg.

30. Mai 1986: Ausschwimmen im Trockendock von HDW in Kiel.

24. Juni 1986: Taufe auf den Namen „MS Astor II“. Taufpatin war Frau Inta Elisabeth Gleich, die Frau des Vorstandsvorsitzenden der Norddeutschen Affinerie. Bei der Taufe flog Frau Gleich der Hut weg.

14. Januar 1987: Ablieferung des Kreuzfahrers und Registrierung in Port Luis auf der Insel Mauritius.

31. Januar 1987: Start der Jungfernfahrt von Hamburg über Genua nach Südamerika und weiter in die Karibik.

9. Februar 1988: Der Verkauf des Schiffes an die Sowjetunion wird bekannt.

3. Oktober 1988: Die Black Sea Shipping Co. in Odessa übernimmt die Astor unter dem neuen Namen MS Fedor Dostojevski.

23. Dezember 1988: Start der ersten Kreuzfahrt für die Bremer Transocean.

22. Dezember 1990: Erste Fahrt für Neckermann Seereisen (NUR).

20. Dezember 1991: Übertragung des Schiffes an die Fedor Dostojevski Shipping Co. in Nassau. In Bremerhaven wird die sowjetische Fahne eingezogen. Am Heck weht nun die Flagge der Bahamas.

1. Dezember 1995: Das Schiff erhält seinen alten Namen Astor zurück. Taufpatin ist die Schauspielerin Marie-Luise Marjan. Die Astor geht in das Eigentum der Astor Shipping Company Ltd. auf den Bahamas über. Sie fährt für den Bremer Reiseveranstalter Aquamarin.

21. April 1997: Die Astor fährt unter Vollcharter für Transocean Tours.

Januar 2006: Die Astor geht in Besitz der Premicon AG in München über. Finanziert wird der Kauf durch einen geschlossenen Fond.

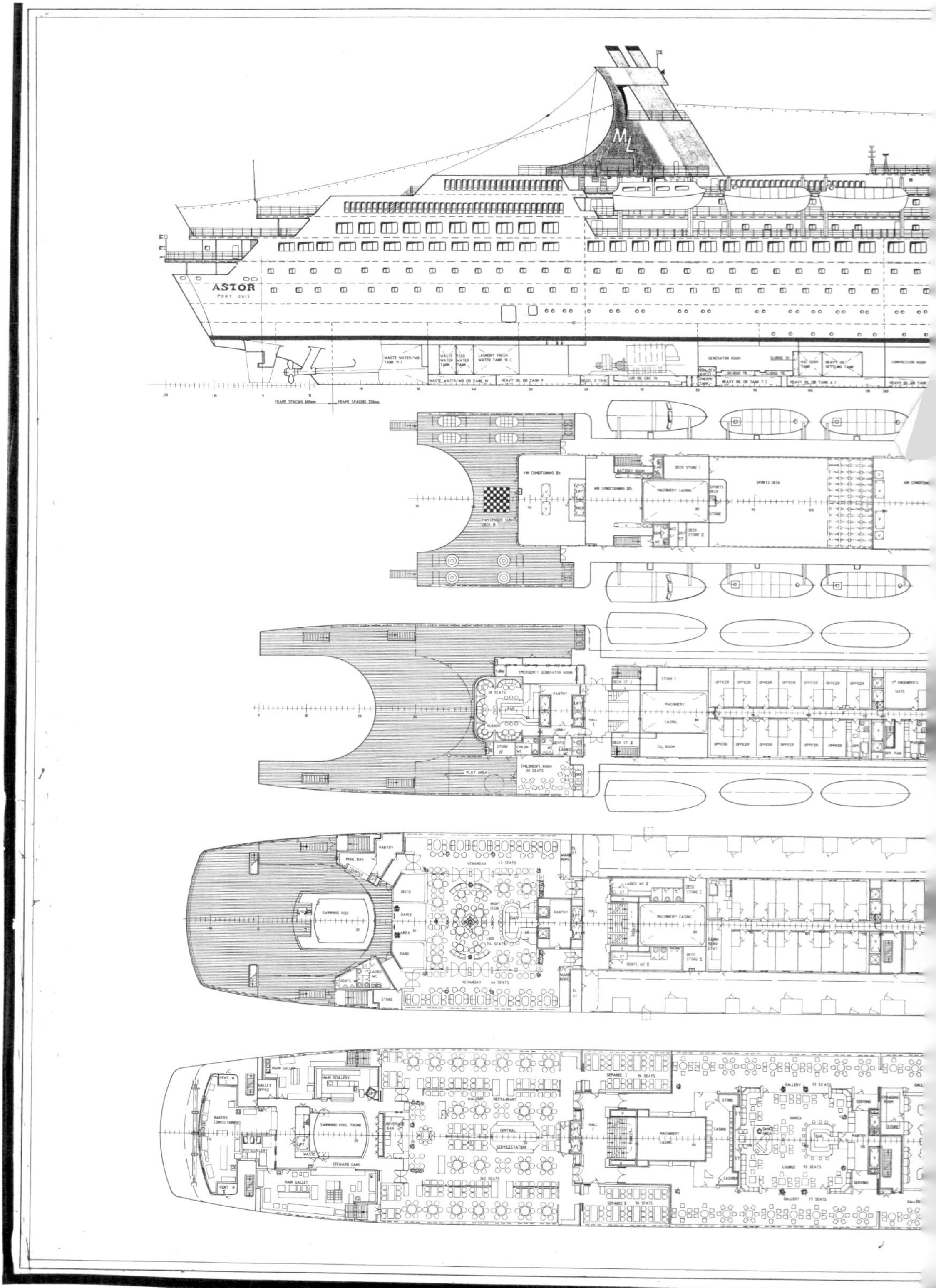
ASTOR
PORT LOUIS

Die Original-Pläne der MS Astor II.

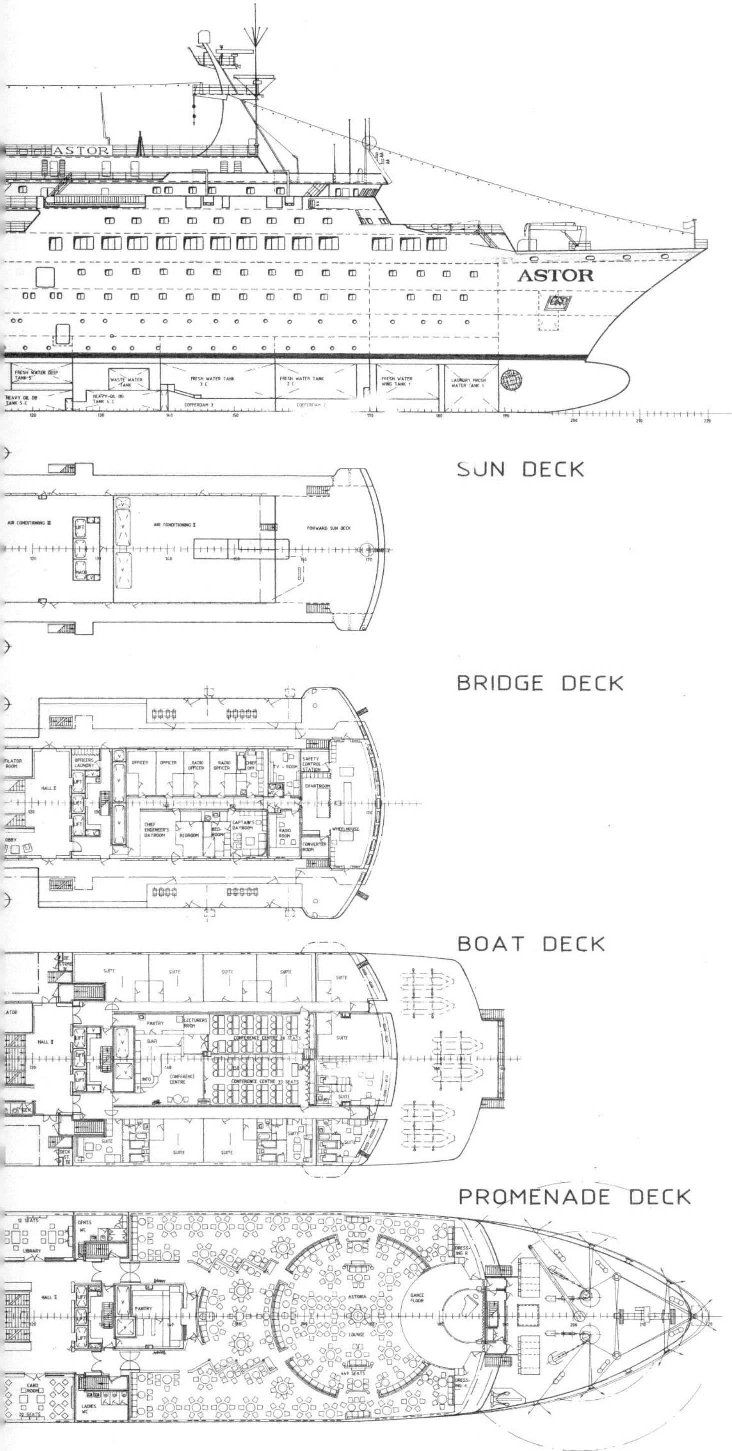

SUN DECK
BRIDGE DECK
BOAT DECK
PROMENADE DECK
A - DECK
B - DECK
C - DECK
D - DECK
E - DECK

PASSENGERS	SUITES (BEDS)	CABINS (BEDS)	PASSENGERS TOTAL
BRIDGE DECK	-	-	
BOAT DECK	12(2)	19(2)	62
A - DECK	20(2)	82(2)	258
	-	16(2+1)	
	-	2(3)	
B - DECK	-	120(2)	330
	-	2(2+1)	
	-	18(2+2)	
	-	4(3)	
C - DECK	-	-	
D - DECK	-	-	
	32	263	
TOTAL	295		650

CREW	OFFICERS (BEDS)	CREW (BEDS)	CREW TOTAL
BRIDGE DECK	25(1)	-	25
BOAT DECK	-	-	
A - DECK	-	-	
B - DECK	-	-	
C - DECK	13(1)	16(1)	75
	-	23(2)	
D - DECK	-	8(1)	150
	-	71(2)	
	38	118	
TOTAL	156		250

GENERAL DIMENSIONS:

LENGTH OVER ALL	176,50 m
LENGTH BETWEEN PERP.	151,90 m
BREADTH MOULDED	22,60 m
DEPTH MOULDED TO C - DECK	8,10 m
DEPTH MOULDED TO PROM DECK	16,05 m
DRAUGHT (DESIGN)	5,75 m
DRAUGHT (MAX.)	6,10 m
DEADWEIGHT ON DRAUGHT(DESIGN)	2.820 t
DEADWEIGHT ON DRAUGHT(MAX.)	3.880 t
MOTOR OUTPUT(2x3.300kW, 2x4.400kW)	15.400 kW
SPEED (T. 5,75, 11.880 kW)	20,0 kn
DISPLACEMENT ON DRAUGHT(DESIGN)	13 380 t
DISPLACEMENT ON DRAUGHT(MAX)	14 440 t

CRUISE VESSEL
"ASTOR"

295 CABINS / 650 PASSENGERS

GENERAL ARRANGEMENT
SHEET 1 SCALE 1:200

DRAW. No. 218-01-0290-0202-001

HOWALDTSWERKE-DEUTSCHE WERFT AKTIENGESELLSCHAFT

HULL No. 218 14th of August 1987

	MS Astoria	MS Astor
Baujahr	1981	1987
Werft	HDW Hamburg	HDW Kiel
Bruttoregistertonnen (BRT)	18.591	21.000
Länge	164,50 Meter	176,50 Meter
Breite	22,60 Meter	23 Meter
Tiefgang	6,20 Meter	6,10 Meter
Reisegeschwindigkeit	16,5 Knoten	16,5 Knoten
Passagiere	Maximal 500	Maximal 590
Passagierdecks	7	7
Flagge	Bahamas	Bahamas
Klasse	Germanischer Lloyd	Germanischer Lloyd
Zahl der Kabinen	259	295
Suiten	35	32
Außenkabinen	148	167
Innenkabinen	76	96
Bordsprache	deutsch	deutsch

Die hilfreichen Schwestern

Kreuzfahrer wie die Astor und Astoria haben einen großen Bauch, in dem so manche Fracht verborgen ist. Von einigen Kartons, die unter Deck irgendwo in einer Ecke stehen, ahnen die Passagiere am Swimmingpool nichts. Der Inhalt dieser Kisten wird allerdings irgendwo auf der Erde sehnsüchtig erwartet. E sind Hilfsgüter, die von dem Geld deutscher Spender finanziert wurden. So brachten die beiden Kreuzfahrer unter anderem Zahnarztstühle in den Senegal, transportierten dringend benötigte Medikamente nach Brasilien oder Bulgarien. Sogar eine komplette Herz-Lungen-Maschine reiste in den Laderäumen mit nach Odessa.

Mit Gala-Nächten wurde beispielsweise die Arbeit der SOS-Kinderdörfer regelmäßig unterstützt. Da die Astor und Astoria die meisten Länder anlaufen, in denen die Projekte angesiedelt sind, die gefördert werden, haben Passagiere und Besatzung die Möglichkeit, sich selbst davon zu überzeugen, wie die Spenden investiert wurden. Bei einer Reise rund um Kap Horn gingen zehn Prozent von dem, was die Passagiere

Showstar Marlene Charell (Mitte) ist auch die Schirmherrin der Benefiz-Veranstaltungen auf der Astor und Astoria. Das Bild zeigt sie mit anderen Stars nach einer Gala, bei der 55.555 Euro für SOS-Kinderdörfer gesammelt wurden.

für die Kreuzfahrt bezahlt hatten, in den Aufbau eines neuen SOS-Kinderdorfes in Argentinien.

Zum Ende jeder Kreuzfahrt werden die Seekarten versteigert. Der Erlös dafür geht an Kinderheime in der Ukraine. Die Not, die dort herrscht, erleben viele Mitglieder der Besatzungen der Astor und Astoria tagtäglich, wenn sie nicht an Bord eines der beiden Traumschiffe sind. Für viele Offiziere, Matrosen, Stewardessen und Stewards ist die Ukraine die Heimat.

Danke

Neben allen, die in diesem Buch genannt werden, danke ich Annette Schudy, Peter Waehnert und John Will, die mir so manche Tür geöffnet haben, von der ich gar nicht wusste, dass es sie überhaupt gibt.

Ein besonderer Dank gilt Monika Lützenbürger-Bröking, Ewald J. Baumann, Petra Kappe und Traudel Thalheim, ohne die dieses Buch nie erschienen wäre.

Bildnachweis

Klaus Bröking: Seite 6, 9, 18, 19, 24, 32, 33, 46, 47, 68, 71, 75, 76, 77, 78, 80, 83, 85, 86, 86, 90, 92, 93, 96, 97, 98, 101, 114, 116, 117

Privatbesitz Petra und Jörg Fischer: 40, 42, 52, 54, 55, 56, 57, 59, 60

Franz-Christoph Heel: 61

Sammlung Timo Meyer: Seite 15, 16, 20, 21, 22, 23, 29, 30, 36, 37, 45, 48, 53, 58, 62, 109, 112, 113

Transocean Tours: Seite 4, 5, 12, 13, 28, 44, 49, 64, 65, 66, 67, 74, 88, 95, 119, Titelfoto

Archiv der Westfälischen Rundschau: 21, 23, 37, 38, 39, 51, 107